了不起的 Markdown

毕小朋 / 著

電子工業出版社
Publishing House of Electronics Industry
北京•BEIJING

内 容 简 介

Markdown 是一种轻量级标记语言，它允许人们使用易读、易写的纯文本格式编写文档。本书全面、系统地介绍了 Markdown 的语法规范、编辑器及各种应用场景，内容围绕 Markdown 使用者的痛点展开，力求简明、实用。

本书从 Markdown 的起源、演进开始讲起，到基础语法、扩展语法和使用规范，内容循序渐进。本书还介绍了 Markdown 两大编辑器——Typora 和 VS Code，并针对写博客文章（知乎、简书、CSDN）、写微信公众号文章、写项目文档、写书、记笔记（印象笔记、有道云笔记、熊掌记）、写邮件、写幻灯片、写在线协作文档（腾讯文档、石墨文档）、写交互式文档、搭建个人博客等众多写作场景，为读者提供了漂亮、实用的写作方案。

不管你从事什么职业，也不管你学什么专业，只要你需要写作，只要你想优雅而高效地写作，本书都适合你。

图书在版编目（CIP）数据

了不起的 Markdown / 毕小朋著. —北京：电子工业出版社，2019.8
ISBN 978-7-121-37007-6

Ⅰ. ①了… Ⅱ. ①毕… Ⅲ. ①超文本标记语言-程序设计 Ⅳ. ①TP312.8

中国版本图书馆 CIP 数据核字（2019）第 131964 号

责任编辑：张春雨
印　　刷：北京盛通数码印刷有限公司
装　　订：北京盛通数码印刷有限公司
出版发行：电子工业出版社
　　　　　北京市海淀区万寿路 173 信箱　　　邮编：100036
开　　本：720×1000　1/16　印张：15.25　字数：256.2 千字
版　　次：2019 年 8 月第 1 版
印　　次：2025 年 4 月第 15 次印刷
定　　价：65.00 元

凡所购买电子工业出版社图书有缺损问题，请向购买书店调换。若书店售缺，请与本社发行部联系，联系及邮购电话：（010）88254888，88258888。

质量投诉请发邮件至 zlts@phei.com.cn，盗版侵权举报请发邮件至 dbqq@phei.com.cn。

本书咨询联系方式：（010）51260888-819，faq@phei.com.cn。

前　　言

创作背景

《失控》《必然》等畅销书的作者 Kevin Kelly 在一次演讲中提到：

“关于技术，在最开始时，没有人知道新的发明最适合用于做什么，例如爱迪生的留声机，他原本不知道这能用来干什么。留生机慢慢被应用于两个场景：一是录下临终遗言；二是录下教堂里的讲话，包括唱歌。后来留声机主要用于录制音乐等。”

所以说**“技术的用途，是用出来的”**，Markdown 也是如此。

起初，发明 Markdown 只是为了简化文章的排版，后来人们不断地尝试把它应用到各种写作场景中，并与一些专业的软件相结合，于是才有了这么多好用的 Markdown 工具。

如今，Markdown 几乎随处可见，并且扮演着越来越重要的角色。知乎、简书、CSDN、GitHub、WordPress、印象笔记、有道笔记等都支持 Markdown。用 Markdown 可以写书、写幻灯片、写邮件、写日记、写便签、记笔记、写博客，说 Markdown 是最流行的**“写作语言”**一点也不为过。

我们都知道 Markdown 的特点就是简单易用，如果想要学习它，网上已经有很多文章，可我为什么还要写这本书呢？其实只要你用心观察就不难发现，虽然网上介绍 Markdown 的文章满天飞，但这些内容都比较碎片化，读者并不能通过这些碎片化的信息全面系统地学习 Markdown。

鉴于此，本书应运而生。

我曾经在微博上看到过这么一段话，大意是说，当我决定是否写一篇文章时，首先要看类似的内容是否已有人写过；如果有，再看我是否有新的观点，或者能否写得更好；能否写得更系统、更全面、更通俗易懂。

这也是本书的写作初衷——**为了让更多的人更全面地了解并使用 Markdown**。

本书内容

本书可分为 3 大部分：Markdown 的语法规范、编辑器及应用场景。

- 语法规范：从 Markdown 的起源、演进开始讲起，到基础语法、扩展语法和使用规范。内容循序渐进，让读者先了解 Markdown 的来龙去脉，再学会如何规范地使用各种语法。
- 编辑器：正所谓“**工欲善其事，必先利其器**”，好用的编辑器可以让写作过程事半功倍。本书精心挑选了两款流行且免费的编辑器进行详细介绍，学会它们就可以满足你大部分的写作需求了。
- 应用场景：为了说明**每个人都能用到** Markdown，本书列举了众多写作场景，以及与之相匹配的写作工具，相信总有一款是你需要的。

本书特色及阅读指南

1. 本书能让你更加系统地学习Markdown，知其然并知其所以然。

第 1 章主要讲了 3 个问题。

- Markdown 是什么。
- 为什么要使用 Markdown。
- 如何学习使用 Markdown。

第 2 章主要介绍了 Markdown 的基础语法和最流行的扩展语法 GFM（GitHub Flavored Markdown），你会了解到每一个标记符号的用法和规范，也会学到如何编写可读性强、可移植性强、更易于维护的 Markdown 源码。

2. 本书能让你摆脱各种束缚，追求更好的写作品质。

在选择写作工具时，我们考虑的因素有哪些？我想应该有时间（效率）、格式（兼容性）、平台（不同的操作系统）、价格（是否收费），等等。

所以本书的第 3 章和第 4 章介绍了两款流行、免费、跨平台、高效且功能强大的编辑器，它们能够让你体验到什么是**“心中无尘，码字入神”**。

3. 本书能为你在众多的写作场景中，提供漂亮、实用的解决方案。

本书的第 5 章到第 8 章介绍了更多专业的写作工具，覆盖了写博客文章（知乎、简书、CSDN）、写微信公众号文章、写项目文档、写书、记笔记（印象笔记、有道云笔记、熊掌记）、写邮件、写幻灯片、写在线协作文档（腾讯文档、石墨文档）、写交互式文档、搭建个人博客等众多写作场景。

一些约定

操作系统：在默认情况下，本书中的所有软件都使用 macOS 系统下的版本进行演示。如果 Windows/Linux 系统下的版本与之有区别，会进行特殊说明。

快捷键：本书涉及的所有快捷键都只列举了 macOS 和 Windows 系统下的用法。通常，这两个系统的快捷键是相同的。

读者定位

不管你是什么职业，也不管你学什么专业，只要你需要写作，只要你想优雅而高效地写作，本书都适合你。

真诚致谢

感谢我的家人，是她们在背后的默默付出和支持才让我有时间和信心写出了这本书。

感谢读者朋友们，是你们购买了这本书，才让我有机会和大家一起分享知识和经验，也分享进步和快乐。

如果对本书有任何建议，请联系我，邮件：wirelessqa@163.com，或者到 GitHub 上提交 Issue，地址是 https://github.com/bxiaopeng/thegreatmarkdown/issues，期待你的反馈。

目　　录

第 1 章 人人都应学会 Markdown

每个人都应该学习使用 Markdown，它会让你沉浸在写作的乐趣之中。

在日常工作和互联网写作中，Markdown 几乎随处可见，并且扮演着越来越重要的角色。不管你是不是程序员，只要关乎写作，都离不开 Markdown。知乎、简书、CSDN、GitHub、WordPress、印象笔记、有道笔记等都支持 Markdown，Markdown 俨然已成为最流行的**“写作语言”**。

本章我们就一起来搞清楚 Markdown 到底是什么，以及如何学习 Markdown。

1.1 Markdown是什么

1.1.1 起源

据 GitHub Flavored Markdown（GFM）官方文档介绍，Markdown 是由约翰·格鲁伯（John Gruber）在亚伦·斯沃茨（Aaron Swartz）的帮助下开发，并在 2004 年发布的标记语言。

其设计灵感主要来源于纯文本电子邮件的格式，目标是让人们能够使用易读、易写的纯文本格式编写文档，而且这些文档可以转换为 HTML（Hyper Text Markup Language，超文本标记语言）文档。

简单点说，Markdown 就是由一些简单的符号（如* / - > [] () #）组成的用于排版的标记语言，其最重要的特点就是可读性强。

Markdown 的基本语法，如下图所示。

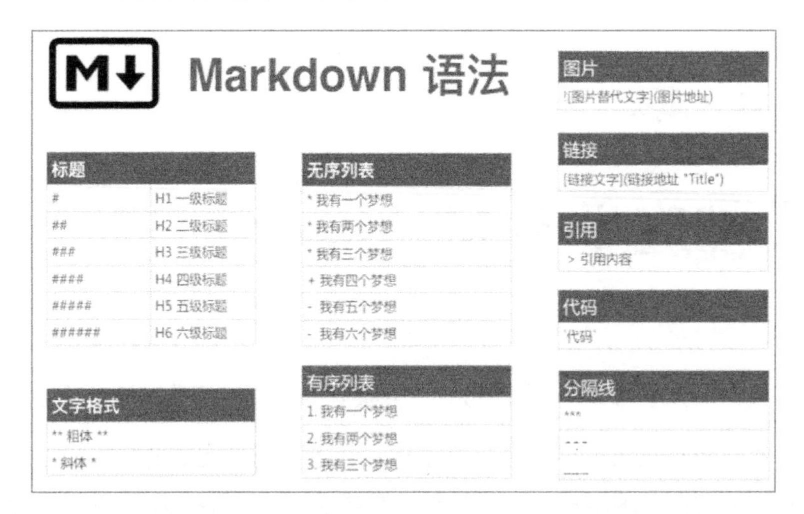

可以说，Markdown 相当于简化了的 HTML，它只提供用户最常用的语法格式，更易读和易写，用户可以不必关心复杂的 HTML 标签，只专注于写作就行了。

使用 Markdown 和 HTML 实现相同效果的文档时，源码对比如下图所示。

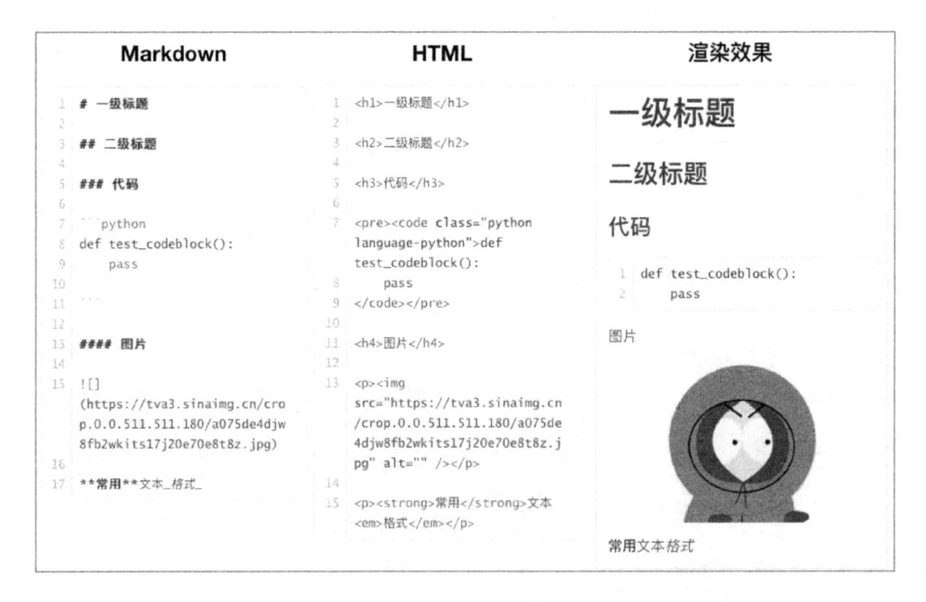

当一些特殊需求（如设置图片的大小）无法通过现有的 Markdown 标记实现时，

也可以使用 HTML 来实现。

1.1.2 演进

起初 Markdown 主要用于网络写作，后来人们希望 Markdown 能够应用到更多的领域，如写书、记笔记、写文档、写幻灯片等。

由于 Markdown 本身功能有限，一些特定的需求和场景无法被满足，因此产生了许多扩展语法，这些语法在基础语法之上新增了如表格、任务列表、围栏代码块等功能。

1. Markdown演进史

- 2004 年，Markdown 发布，作者是 John Gruber。
- 2006 年，Pandoc's Markdown 发布，作者是 John MacFarlane。

此版本对 Markdown 语法有额外的扩充和些许修正，这使 Markdown 可以转换为更多的文件格式，Pandoc 堪称文件转换领域的“瑞士军刀”。

- 2011 年，MultiMarkdown（简称 MMD）发布，作者是 Fletcher T. Penney。

此版本让 Markdown 可以转换为更多的文件格式，包括 HTML/XHTML、$\LaTeX$、OpenDocument、OPML（Outline Processor Markup Language，大纲处理标记语言）。

- 2013 年，Markdown Extra 发布，作者是 Michel Fortin。

此版本最初使用 PHP 语言实现，新增了围栏代码块、具有 id/class 属性的元素、表格、任务列表、脚注、缩写等功能。

- 2014 年，CommonMark 规范发布，主要作者是 Jeff Atwood 和 John MacFarlane。

CommonMark 旨在为人们提供一个标准的 Markdown 语法规范和参考实现。

Markdown 标准化工作开始于 2012 年，2014 年 9 月，由于 John Gruber 反对在这一工作中继续使用“Markdown”这个名字，其被更名为 CommonMark。

- 2017 年，GitHub 发布了 GitHub Flavored Markdown，即 GFM。

此版本遵循 CommonMark 规范，新增了围栏代码块、表格、删除线、自动链接、Emoji 表情和任务列表等功能，是目前使用最广泛的版本。

2. 标准语法CommonMark

由于不同版本的扩展语法太多，John Gruber 对 Markdown 语法也没有指定明确的规范，在非正式规范中也存在一些含糊不清的地方，一些扩展语法慢慢偏离了最初的参考实现方式。另外，用户的写作习惯和编辑器的解析规则也不尽相同，这就导致 Markdown 文本在不同编辑器上解析时可能会出现一些问题。

这些问题促使一些机构和开发人员努力对 Markdown 语法进行标准化，CommonMark（http://commonmark.org/）就是这样一个产物。它为 Markdown 提出了一个标准的、明确的语法规范，以及一套全面的测试，根据此规范可以验证 Markdown 的实现结果，GitHub Flavored Markdown（GFM）遵循的就是 CommonMark 规范。

不过，John Gruber 认为 Markdown 不应该完全标准化，因为不同的网站和用户有不同的需求，没有一种语法可以让所有人都满意。

3. 最流行的扩展语法GFM

目前最流行的扩展语法是 GitHub Flavored Markdown，简称 GFM，毕竟 GitHub 是全球最大的程序员“交友”网站。

GFM 语法示例如下。

```
# 个人简介

## 基本信息

**姓名**： 毕小烦    **年龄**：*32* 岁       **职业**：攻城狮

**爱好：**

- 看电影、听音乐、喝咖啡
- ~~抽烟~~、喝酒、~~烫头~~（*头发没了*）
```

````
**人生格言：**

> 机会总是留给有准备的人。

**一段代码：**

```python
def main():
        print("机会总是留给有准备的人。")  # 人生格言！

    if __name__ == '__main__':
        main()
```

    ## 联系方式

    1. 博客： *[http://blog.csdn.net/wirelessqa](http://blog.csdn.net/ wirelessqa)*
    2. 微博：*[http://www.weibo.com/wirelessqa](http://www.weibo.com/ wirelessqa)*

    ## 待办事项

    **2018 年要读的书：**

    - [x] 《时间简史》
    - [x] 《未来简史》
    - [ ] 《今日简史》

    **修订记录：**

    |          时间          |   内容   | 版本 |
    | :----------------: | :------: | :--: |
    | 2018 年 9 月 15 日 | 修订完毕 | v0.1 |
````

上述语法使用 Typora 编辑器渲染后的效果如下图所示。

个人简介

基本信息

姓名：毕小烦 **年龄**：*32 岁* **职业**：攻城狮

爱好：

- 看电影、听音乐、喝咖啡
- 抽烟、喝酒、烫头（*头发没了*）

人生格言：

> 机会总是留给有准备的人。

一段代码：

```
def main():
    print("机会总是留给有准备的人。")  # 人生格言!

if __name__ == '__main__':
    main()
```

联系方式

1. 博客：*http://blog.csdn.net/wirelessqa*
2. 微博：*http://www.weibo.com/wirelessqa*

待办事项

2018 年要读的书：

- [x] 《时间简史》
- [x] 《未来简史》
- [ ] 《今日简史》

修订记录：

时间	内容	版本
2018 年 9 月 15 日	修订完毕	v0.1

1.2 为什么要使用Markdown

在了解 Markdown 是什么之后，我们还得搞清楚为什么要使用 Markdown，这可能是很多人最关心的问题。因为不管是学习一门新的技术，还是学习一个新的工具，都要花很多时间去琢磨、去研究、去实践，在这个过程中可能会碰到很多问题,如果不能从心底找到认同感,是很可能半途而废的(虽然 Markdown 很简单)。

1.2.1 什么时候可以使用 Markdown

当你对文章的排版没什么特殊需求，且不想花太多时间在排版上时，就可以使用 Markdown。因为编辑器或平台会通过 Markdown 标记对文章进行渲染，最终的排版效果会非常简洁、漂亮。

除众多“专职”的 Markdown 编辑器（如 Typora、熊掌记、Ulysses）之外，一些“特殊”的写作场景也提供了对 Markdown 的支持。

下面是一些针对“特殊”写作场景提供 Markdown 支持的工具和平台。

场景	工具和平台
记笔记	印象笔记、有道笔记
写多人协作文档	腾讯文档、石墨文档
写博客	知乎、简书、CSDN、WordPress、Hexo
写微信公众号文章	Online-Markdown、Md2All
写邮件	Markdown Here
写便签	锤子便签
写日记	DayOne
写交互式文档	Jupyter Notebook、R Markdown
写网页	md-page
写项目文档	MkDocs、VuePress、docsify
写幻灯片	nodeppt、**shower**、**remark**、impress.js、reveal.js
写书	GitBook、mdBook、Bookdown

1.2.2 什么时候不建议使用 Markdown

Markdown 并不是万能的，它只适用于对排版要求不高的场景，如果你对字号、段落、图片、表格等方面的排版要求较高，还是需要使用 Word 这类专业的编辑软件的。

小提示：Markdown 文件可以很方便地转换为 Word 文件，如果有一些需要特殊处理的格式，可以两者结合使用。

1.2.3 Word 与 Markdown 的对比

在“对排版要求不高”这样一个前提下，我们对比一下 Word 和 Markdown，看看 Markdown 有什么优点。

1. 使用Word

- **学习时间**：想要精通 Word 需要花费很多时间，如果不是专业编辑或相关从业人员，是没有必要学到精通的地步的。对于普通人来说，如果只想应付日常工作，学会 Word 不到 20%的功能也许就足够了，但这往往也需要花费较长的时间。

- **兼容性**：Word 文档可以转换为其他文件格式，但其支持的类型屈指可数，而且不能保证较好的兼容性。相信你一定遇到过使用不同版本的 Word 互传资料后格式乱掉的问题，也一定遇到过从网上复制一段文字到 Word 文档中格式乱掉的问题。

- **打开速度**：Word 是重量级软件，当打开 Word 文档时，**“速度会比较慢”**，有时候还会出现意想不到的情况。

- **功能众多**：由于 Word 功能较多，人们在写作时总会忍不住去尝试各种排版效果（因为不知道哪一种更好），例如换一种字体、换一个颜色、调一下行高、调一下行距。这样既**“费时又费力”**，时间也逐渐在指缝中溜走了。

2. 使用Markdown

- **学习时间**：Markdown 语法简单，只需使用一些常用的标记符号就能编写 Markdown 文档，任何人都可以在短时间内学会。

- **兼容性**：Markdown 兼容性非常好，如果使用的是相同的语法，几乎可以做到一处编写，随处使用；借助一些工具，Markdown 文档可以很方便地转换为各种类型的文件，如 PDF、Word、HTML、ePub、LaTeX 等；Markdown 几乎可以应用于任何写作场景，很多专业的软件都集成了 Markdown，如 Visual Studio Code（简称 VS Code）、有道笔记、印象笔记、R Studio 等。

- **打开速度**：Markdown 是“轻量级的标记语言”，可以使用任何编辑器打开，如果不需要渲染，几乎是“秒开”。

- **专注写作**：罗振宇在 2016 年“时间的朋友”跨年演讲中提到过一个观点，他说：“当我需要一个服务时，不要给我太多选择，请直接告诉我什么是最好的，我要你的最佳方案。” Markdown 就是写作文档的最佳方案，如果对排版没什么特殊要求，那就交给 Markdown 处理吧，你专注写作内容就行了。

所以为什么要使用 Markdown 呢？

因为它简单，可以在短时间内学会；它可以使用很多编辑器快速打开，兼容性好，可以做到一处编写，随处使用；它可以应用于几乎任何写作场景；它是专注写作的最佳方案。

1.3　如何学习使用Markdown

1.3.1　Markdown 的工作流程

Markdown 的工作流程很简单，首先要挑一款好用的编辑器进行写作，内容使用 Markdown 进行标记，然后通过编辑器的功能将文章进行渲染、发布或导出。

所以如果想让 Markdown 发挥最大的作用，语法和编辑器都是要好好学习的。

Markdown 工作流程如下图所示。

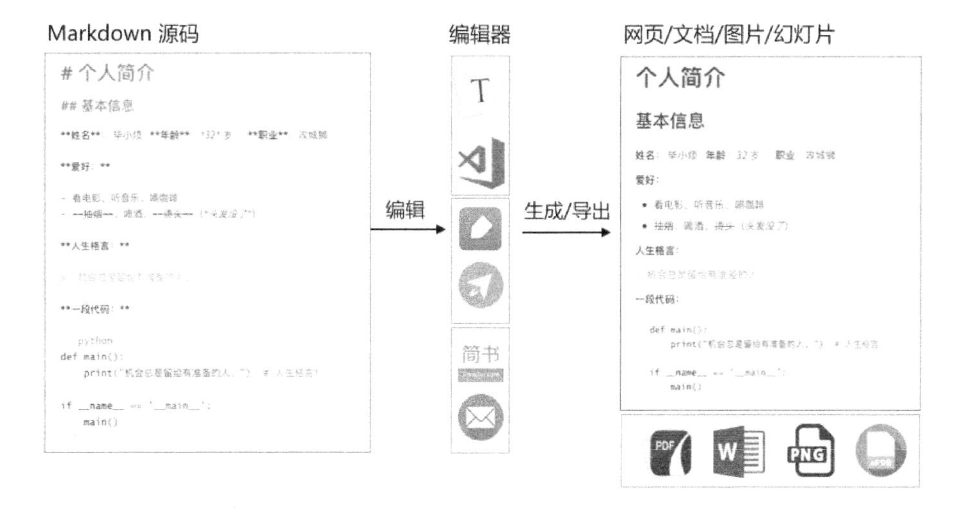

1.3.2 语法学习

1. 学习基础语法

Markdown 的基础语法是指 John Gruber 最初发布的 Markdown 版本，大多数扩展语法都是基于此版本开发的，因此基础语法是需要学会的。

2. 学习扩展语法

在众多扩展语法中，GFM 无疑是目前最流行的。它扩展了包括表格、任务列表、删除线、围栏代码、Emoji 等在内的语法，功能非常全面，是笔者重点推荐学习的扩展语法。

3. 学习写作规范

人们在使用 Markdown 的过程中逐渐总结出了一些最佳实践方案，并且制定了写作规范，学习这些规范可以让我们养成良好的写作习惯，避免重复“踩坑”。

另外，遵循这些规范也可以让源码（没有渲染过的文本）有更强的可读性、可移植性（一处编写，随处使用）和可维护性（有统一的认知）。

1.3.3 编辑器简介

正所谓“好马配好鞍”，好的编辑工具可以让写作事半功倍。在市面上也有很多流行的 Markdown 编辑器，免费的、收费的都有，可谓各有千秋。本书精心挑选了一些比较有代表性的工具，会在后续的章节中为大家详细介绍。

比较流行的 Markdown 编辑器如下表所示。

编辑器	Markdown 语法	跨平台	移动端	免费	推荐指数	适宜人群
Typora	GFM	√	×	√	☆☆☆☆☆	所有人
VS Code	GFM	√	×	√	☆☆☆☆☆	技术写作人员
GitBook	GFM	√	×	√	☆☆☆☆	热爱开源的人
印象笔记	GFM	√	×	√（内购）	☆☆☆☆☆	印象笔记用户

续表

编辑器	Markdown 语法	跨平台	移动端	免费	推荐指数	适宜人群
有道笔记	GFM	√	√	√（内购）	☆☆☆☆	有道笔记用户
熊掌记	简化并兼容标准语法	×（macOS）	√（iOS）	√（内购）	☆☆☆☆☆	文艺青年
Ulysses	Markdown XL	×（macOS）	√（iOS）	×	☆☆☆☆	重度文字工作者
MWeb	GFM	×（macOS）	√（iOS）	×	☆☆☆☆	技术写作人员
MarkdownPad	GFM	×(Windows)	×	√（内购）	☆☆☆	Windows 用户
CMD Markdown	GFM	√	×	√（内购）	☆☆☆☆	所有人

小提示

跨平台：指其提供了支持 Windows、macOS、Linux 等操作系统的版本。

移动端：指其提供了移动（iOS/Android）App，且 App 支持 Markdown 写作。

免　费：指其能够免费下载和使用，内购是指某些高级功能需要购买后才能使用。

1.4 本章小结

本章我们了解了 John Gruber 为了实现“**让人们能够使用易读、易写的纯文本格式编写文档**”的目标而创造的 Markdown；也知道了经过 10 多年的演进，GFM 已成为最流行的扩展语法；还清楚了 Markdown 作为一个写作工具的优点所在；最关键的是，我们了解了 Markdown 的工作流程，以及想让 Markdown 发挥最大作用所要学习的内容。

第 2 章

人人都能学会 Markdown

其实 Markdown 最难的地方并不是语法，而是开始使用。就像跑步最难的并不是跑步本身，而是跨出家门的那一刻。只要勇敢地跨出第一步，并且坚持下去，一切都会变得简单，水到渠成。每个人都能学会 Markdown，只要你开始用起来。

本章主要介绍 Markdown 的基础语法和扩展语法 GFM，以及它们的使用规范，以达到让大家能够使用的目的。

2.1 基础语法

2.1.1 字体

1. 标题

在 Markdown 语法中，标题支持使用两种标记：底线（-/=）和#。

- 使用底线的语法如下。

```
标题内容
=========
```

或

```
标题内容
--------
```

语法说明如下。

1）底线是=表示一级标题。

2）底线是-表示二级标题。

3）底线符号的数量至少 2 个。

4）这种语法只支持这两级标题。

实例演示如下。

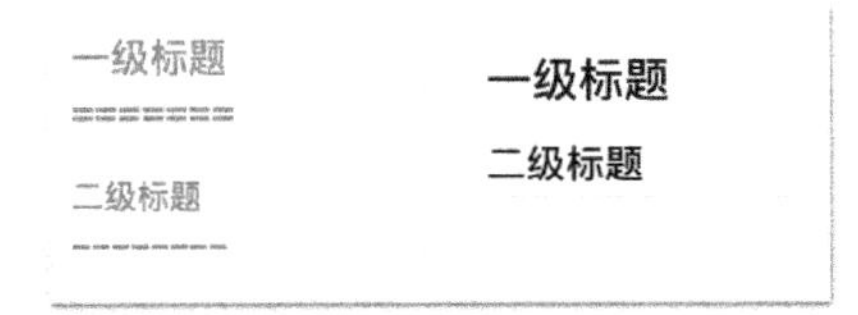

● 使用#的语法如下。

```
# + 空格 + 标题内容
```

语法说明如下。

1）在行首插入#可标记出标题。

2）#的个数表示了标题的等级。

3）建议在#后加一个空格。

4）Markdown 中最多只支持前六级标题。

实例演示如下。

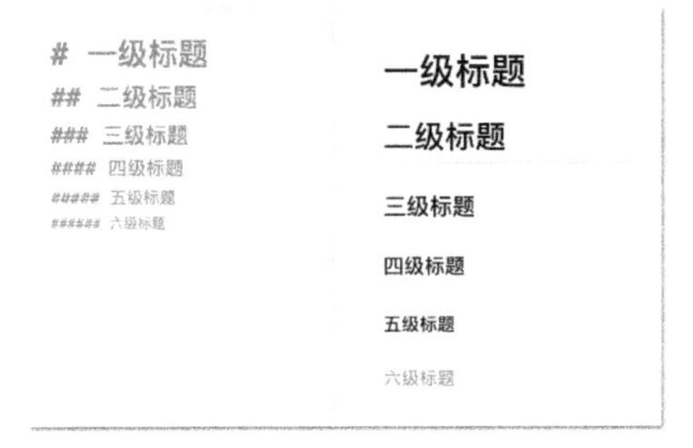

● 使用规范。

建议使用#标记标题，而不是===或---，因为后者会难以阅读和维护。

推荐：

```
# 我是一级标题

## 我是二级标题

### 我是三级标题
```

不推荐：

```
你猜我是几级标题?
=========

你猜我是几级标题?
----------
```

要保持间距，建议标题的前后都要空 1 行（除非标题在文档开头）；#与标题文本之间也要有 1 个空格，否则会导致阅读困难。

推荐：

```
本文主要介绍标题的书写规范……

## 标题 1

首先你要把标题写清楚……
```

不推荐：

```
本文主要介绍标题的书写规范……

##标题 1
首先你要把标题写清楚……
```

不要有多余的空格。建议标题要写在一行的开头，结尾也不要有空格。

推荐：

```
# 我是标题
```

不推荐：

```
 # 我是标题
```

建议标题的结尾不要有标点符号，如句号、逗号、冒号、分号等。

推荐：

```
## 实例演示

## 参考资料
```

不推荐：

```
## 实例演示：

## 参考资料：
```

建议标题要尽量简短，这样方便引用，特别是当生成目录时。如果原拟的标题是一个长句，可以从长句中提取标题，而将长句作为标题下的内容。

推荐：

```
## 内容要简短

为了引用时更加方便，标题的内容要尽量简短。
```

不推荐：

```
## 为了引用时更加方便，标题的内容要尽量简短
```

使用 Markdown 写文档比较推荐的结构如下。

```
# 文档标题

作者

摘要

目录

##  标题 1

### 标题 1.1

##  标题 2

### 标题 2.1

### 标题 2.2
```

说明如下。

1）文档标题：文档的第一个标题应该是一级标题，写在第一行，建议与文件名相同，标题要尽量简短。

2）作者：可选，用于声明文档的作者，如果是开源项目的文档，建议把作者名写在修订历史中。

3）摘要：用 1~3 句话描述文档的核心内容。

4）目录：用于快速了解文档的结构，便于导航。

5）正文：正文中的标题从二级目录开始，逐级增加，不可跳级，不可相同。

2. 粗体和斜体

在 Markdown 中，粗体由两个*或两个_包裹，斜体由 1 个*或 1 个_包裹。

- 粗体格式的语法如下。

```
**加粗内容**
或
__加粗内容__
```

- 斜体格式的语法如下。

```
*斜体内容*
或
_斜体内容_
```

- 实例演示如下。

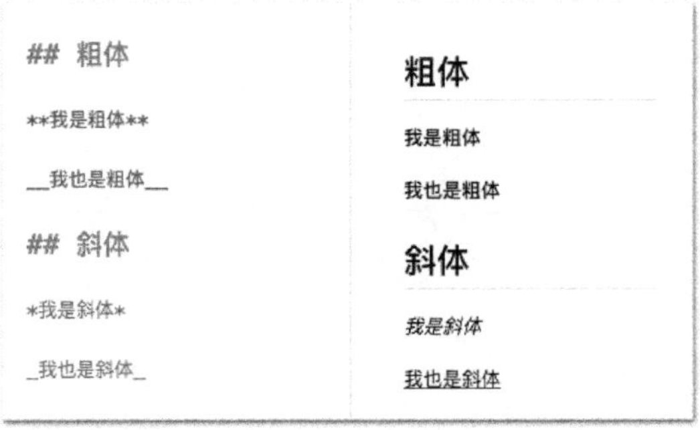

```
## 粗体
**我是粗体**
__我也是粗体__
## 斜体
*我是斜体*
_我也是斜体_
```

粗体

我是粗体

我也是粗体

斜体

我是斜体

我也是斜体

- 使用规范。

建议粗体使用 2 个*包裹，斜体使用 1 个*包裹，因为*比较常见，而且比_可读性更强。

推荐：

```
我是**粗体**，我是*斜体*。
```

不推荐：

```
我是__粗体__，我是_斜体_。
```

在粗体和斜体语法标记的内部，建议不要有空格。

不推荐：

```
我是** 粗体 **，我是* 斜体 *。
```

2.1.2　段落与换行

Markdown 中的段落由一行或多行文本组成，不同的段落之间使用空行来标记。

- 语法说明如下。

1）如果行与行之间没有空行，则会被视为同一段落。

2）如果行与行之间有空行，则会被视为不同的段落。

3）空行是指行内什么都没有，或者只有空格和制表符。

4）如果想在段内换行，则需要在上一行的结尾插入两个以上的空格然后按回车键。

- 实例演示如下。

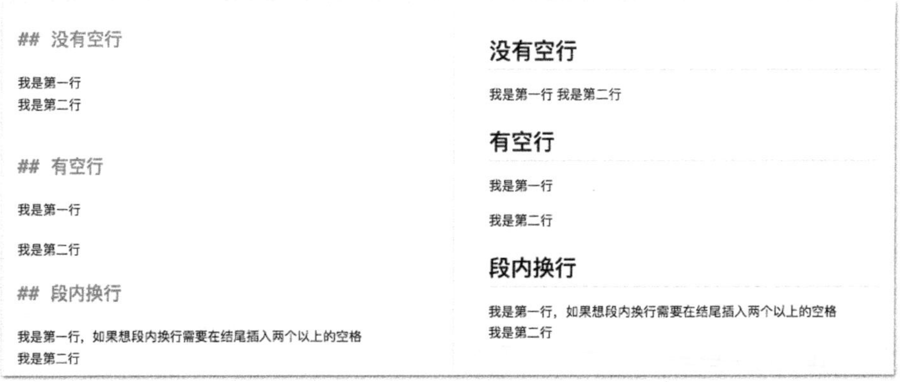

```
## 没有空行

我是第一行
我是第二行


## 有空行

我是第一行

我是第二行

## 段内换行

我是第一行，如果想段内换行需要在结尾插入两个以上的空格
我是第二行
```

没有空行

我是第一行 我是第二行

有空行

我是第一行

我是第二行

段内换行

我是第一行，如果想段内换行需要在结尾插入两个以上的空格
我是第二行

- 使用规范。

为了便于阅读，应该限制每行字符的数量，通常每行不超过 80 个字符，可以在编辑器中进行设置。

关于换行，建议如下。

1）当超过 80 个字符后进行换行。

2）在一句话结束（。或！或？）之后换行。

3）当 URL 较长时换行。

通常 URL 较长会导致行字符数量超过限制，为了提高可读性，可以在 URL 之前加一个换行符。

例如：

```
大家好，本文参考的是：
[Google Markdown Style Guide](https://github.com/google/styleguide/
blob/gh-pages/docguide/style.md)
```

或者通过引用链接来进行优化：

```
大家好，本文参考的是：[Google Markdown Style Guide]


[Google Markdown Style Guide]: https://github.com/google/styleguide/
blob/gh-pages/docguide/style.md
```

1. 列表

在 Markdown 中支持使用有序列表和无序列表，有序列表用数字序号 + 英文句号 + 空格 + 列表内容来标记，无序列表由 */+/- + 空格 + 列表内容来标记。

- 有序列表的语法如下。

```
数字序号 + 英文句号 + 空格 + 列表内容
```

实例演示如下。

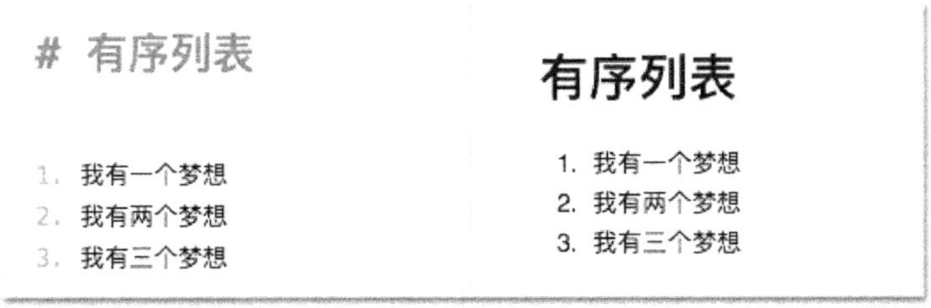

```
# 有序列表

1. 我有一个梦想
2. 我有两个梦想
3. 我有三个梦想
```

有序列表

1. 我有一个梦想
2. 我有两个梦想
3. 我有三个梦想

- 无序列表的语法如下。

```
*/+/- + 空格 + 列表内容
```

小提示：使用*/+/-来标记无序列表的效果是相同的。

实例演示如下。

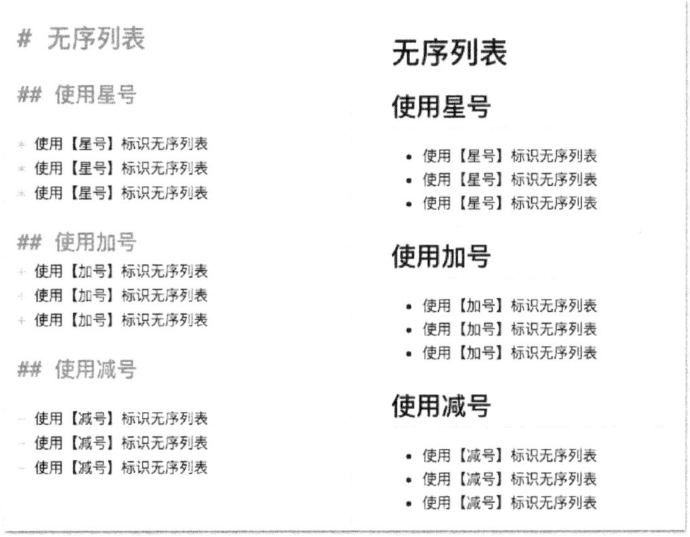

```
# 无序列表

## 使用星号

* 使用【星号】标识无序列表
* 使用【星号】标识无序列表
* 使用【星号】标识无序列表

## 使用加号
+ 使用【加号】标识无序列表
+ 使用【加号】标识无序列表
+ 使用【加号】标识无序列表

## 使用减号

- 使用【减号】标识无序列表
- 使用【减号】标识无序列表
- 使用【减号】标识无序列表
```

无序列表

使用星号

- 使用【星号】标识无序列表
- 使用【星号】标识无序列表
- 使用【星号】标识无序列表

使用加号

- 使用【加号】标识无序列表
- 使用【加号】标识无序列表
- 使用【加号】标识无序列表

使用减号

- 使用【减号】标识无序列表
- 使用【减号】标识无序列表
- 使用【减号】标识无序列表

- 嵌套列表的语法示例如下。

```
+ 第一层列表
TAB + 第二层列表
TAB + TAB + 第三层列表
```

语法说明如下。

1）列表中可以嵌套列表。

2）有序列表和无序列表也可以互相嵌套。

实例演示如下。

```
## 嵌套列表

+ 我是第一层列表
    + 我是第二层列表
        + 我是第三层列表
            + 我是第四层列表

## 有序列表和无序列表相互嵌套

1. 我是第一层列表
  + 我是第二层列表
      1. 我是第三层列表
      2. 我也是第三层列表
```

嵌套列表

- 我是第一层列表
    - 我是第二层列表
        - 我是第三层列表
            - 我是第四层列表

有序列表和无序列表相互嵌套

1. 我是第一层列表
    - 我是第二层列表
        1. 我是第三层列表
        2. 我也是第三层列表

- 使用规范。

建议使用-来标记无序列表，因为*容易跟粗体和斜体混淆，而+不流行。因此，推荐：

```
- 吃
- 喝
```

不推荐：

```
* 吃
* 喝
+ 玩
+ 乐
```

如果一个列表中所有的列表项都没有换行，建议使用 1 个空格。因此，推荐：

```
- 说
- 学
```

不推荐：

```
-  说
-  学
```

如果列表项有换行，则建议给无序列表使用 3 个空格，给有序列表使用 2 个空格。因此，推荐：

```
-   这个列表项
    有换行

-   这个没有

1.  这个有序列表项
    有换行

2.  这个没有
```

不推荐：

```
- 这个列表项
  有换行
- 这个没有

1. 这个有序列表项
   有换行
2. 这个没有
```

如果一个列表中的每个列表项都只有 1 行，建议列表项之间不要有空行。因此，推荐：

```
- 抽烟
- 喝酒
- 烫头
```

不推荐：

```
- 抽烟

```

```
- 喝酒

- 烫头
```

如果列表项中有换行，建议在列表项之间空 1 行，这样会比较容易区分多行列表项的开始和结束。因此，推荐：

```
-   抽很多的
    烟

-   喝酒

-   烫头
```

不推荐：

```
-   抽很多的
    烟
-   喝酒
-   烫头
```

建议在列表前/后都空 1 行。因此，推荐：

```
我的爱好：

- 抽烟
- 喝酒
- 烫头

跟于老师是一样的。
```

不推荐：

```
我的爱好：
- 抽烟
- 喝酒
- 烫头
跟于老师是一样的。
```

数字、字符、符号列表使用英文半角句号，句号后加空格。

示例 1. 数字列表

正确：

```
1.我是好人。
2.他是好人。
3.你也是好人。
```

错误：

```
1、我是好人
2。他是好人
3.你也是好人
```

示例 2. 字符列表

正确：

```
a. 我是好人
b. 他是好人
```

错误：

```
a.我是好人
b.他是好人
```

2. 分隔线

在 Markdown 中，分隔线由 3 个以上的*/-/_来标记。

- 使用分割线的语法如下。

```
***
或
---
或
___
```

- 语法说明如下。

1）分隔线须使用至少 3 个以上的*/-/_来标记。

2）行内不能有其他的字符。

3）可以在标记符中间加上空格。

- 实例演示如下。

```
## 星号
***

* * *

**********
## 减号
---

- - -

----------

## 下划线

___

_ _ _

________________
```

星号

减号

下画线

2.1.3 图片

- 插入图片的语法如下。

```
![图片替代文字](图片地址)
```

- 语法说明如下。

1）图片替代文字在图片无法正常显示时会比较有用，正常情况下可以为空。

2）图片地址可以是本地图片的路径也可以是网络图片的地址。

3）本地图片支持相对路径和绝对路径两种方式。

- 实例演示如下。

2.1.4 链接

1. 文字链接

文字链接就是把链接地址直接写在文本中。语法是用方括号包裹链接文字，后面紧跟着括号包裹的链接地址，如下所示。

```
[链接文字](链接地址)
```

实例演示如下。

```
在日常工作中我们经常使用的网址有[Google](https://www.google.com/)、[GitHub](https://github.com/)和[Stack Overflow](https://stackoverflow.com/?utm_source=rss&utm_medium=rss)
```

这样的写法是没有任何问题的，但由于链接跟文字都写在了一起，如果链接过多会导致可读性差一些。

如果换一种写法呢，例如这样。

```
在日常工作中我们经常使用的网址有[Google]、[GitHub] 和 [Stack Overflow]


[Google]: https://www.google.com/
[GitHub]: https://github.com/
[Stack Overflow]:
https://stackoverflow.com/?utm_source=rss&utm_medium=rss
```

如上所示，把链接地址在某个地方统一定义好，然后在正文中通过“变量”来引用，可读性一下子就变强了，这种方法叫作引用链接。效果如下图所示。

```
## 文字链接

在日常工作中我们经常使用的网址有[Google](https://www.google.com/)、
[GitHub](https://github.com/)和
[Stack Overflow](https://stackoverflow.com/?utm_source=rss&utm_medium=rss)

## 引用链接
在日常工作中我们经常使用的网址有[Google]、[GitHub] 和 [Stack Overflow]

[Google]: https://www.google.com/
[GitHub]: https://github.com/
[Stack Overflow]: https://stackoverflow.com/?utm_source=rss&utm_medium=rss
```

文字链接

在日常工作中我们经常使用的网址有Google、GitHub和 Stack Overflow

引用链接

在日常工作中我们经常使用的网址有Google、GitHub 和 Stack Overflow

2. 引用链接

引用链接是把链接地址作为“变量”先在 Markdown 文件的页尾定义好，然后在正文中进行引用。其语法如下。

```
在正文中引用链接标记，可以理解为引用定义好的变量：

[链接文字][链接标记]

在底部定义链接标记，可以理解为定义一个地址变量：

[链接标记]：链接地址
```

语法说明如下。

1）链接标记可以有字母、数字、空格和标点符号。

2）链接标记不区分大小写。

3）定义的链接内容可以放在当前文件的任意位置，建议放在页尾。

4）当链接地址为网络地址时要以 http/https 开头，否则会被识别为本地地址。

3. 网址链接

在 Markdown 中，将网络地址或邮箱地址使用<>包裹起来会被自动转换为超链接。其语法如下。

```
<URL 或邮箱地址>
```

实例演示如下。

```
<http://www.weibo.com/wirelessqa>

<wirelessqa@163.com>
```

http://www.weibo.com/wirelessqa

wirelessqa@163.com

4. 使用规范

在 Markdown 中，链接标题的信息应该更丰富，从标题中应该可以知道链接的内容，要使用有意义的链接标题。

不推荐：

```
如果想了解关于 Markdown 的更多信息，请查看[这里](markdown_guide.md)
```

推荐：

```
如果想了解关于 Markdown 的更多信息，请查看[Markdown 指南](markdown_guide.md)
```

建议使用<>包裹自动链接，这种方式更通用。

推荐：

```
<http://www.baidu.com>
```

不推荐：

```
http://www.baidu.com
```

自动链接要以 http/https 开头。

推荐：

```
<https://www.baidu.com>
```

不推荐：

```
<baidu.com>
```

2.1.5　行内代码与代码块

1. 行内代码

在 Markdown 中，行内代码引用使用`包裹，语法如下。

```
`代码`
```

实例演示如下。

使用`cd ..`命令切换到上一级目录。	使用 cd .. 命令切换到上一级目录。
使用`mkdir 文件夹`命令创建文件夹。	使用 mkdir 文件夹 命令创建文件夹。

2. 代码块

在 Markdown 中，代码块以 Tab 键或 4 个空格开头，语法如下。

```
以 Tab 键开头：

	def test_print():
```

```
        pass

或者以 4 个空格开头：

    def test_print():
        pass
```

实例演示如下。

以Tab键开头： def test_print(): pass 或者以4个空格开头： def test_print(): pass	以Tab键开头： def test_print(): pass 或者以4个空格开头： def test_print(): pass

小提示：因为代码块使用 Tab 键或 4 个空格开头的效果不够直观，很多扩展语法（如 GFM）提供了围栏代码块，并且支持语法高亮。

3. 使用规范

除行内代码可以使用`包裹以外，如果我们想转义或强调某些字符，也可以使用`包裹。

推荐：

```
如果你想跑路可以执行`rm -f * /`命令。

如果你不想`跑路`请限制执行删除命令的权限。

更多信息请查看`README.md`。
```

如果代码超过 1 行，请使用围栏代码块（扩展语法），并显式地声明语言，这样做便于阅读，并且可以显示语法高亮。

推荐：

````
```python
def print_name():
  print("Markdown")
```
````

但如果我们编写的是简单的代码片段，使用 4 个空格缩进的代码块也许更清晰。

推荐：

````
进入虚拟环境：

    pipenv shell

安装依赖：

    pipenv install

跳过 lockfile：

    pipenv install --skip-lock
````

很多 Shell 命令都要粘贴到终端中去执行，因此最好避免在 Shell 命令中使用任何换行操作；可以在行尾使用一个\，这样既能避免命令换行，又能提高源码的可读性。

推荐：

````
```shell
jvs run --test=tests/home/test_login.py::TestLogin::test_login_failed
--env=online \
--username="15858171558"  --password="20180926"  --url="https://www.
baidu.com"
```
````

建议不要在没有输出内容的 Shell 命令前加$。在命令没有输出内容的情况下，$是没有必要的，因为内容全是命令，我们不会把命令和输出的内容混淆。

推荐：

```
pipenv shell
```

不推荐：

```
$ pipenv shell
```

建议在有输出内容的 Shell 命令前加上$，这样会比较容易区分命令和输出的内容。

推荐：

````
```shell
$ echo "test"
test
```
````

不推荐：

````
```
echo "test"
test
```
````

2.1.6 引用

1. 语法

在 Markdown 中，引用由> + 引用内容来标记，如下所示。

```
> 引用内容
```

语法说明如下。

1）多行引用也可以在每一行的开头都插入>。

2）在引用中可以嵌套引用。

3）在引用中可以使用其他的 Markdown 语法。

4）段落与换行的格式在引用中也是适用的。

实例演示如下。

```
## 引用

> 我是引用的句子，请在我的前面加上 > （小于号） 。

正常的句子是这样的。

## 多行引用

> 这是多行引用中的第一行，我的最后有两个空格。
这是多行引用中的第二行

## 多行引用

> 这是多行引用中的第一行

> 这是多行引用中的第二行

## 引用中嵌套引用

> 引中用是可以嵌套引用的
> > 我是引用中嵌套的引用

## 引用中使用其他 Markdown 标记

> 来点击查看我的[微博](http://www.weibo.com/wirelessqa)
> **加粗**和*斜体*也是支持的。
```

引用

我是引用的句子，请在我的前面加上 > （小于号） 。

正常的句子是这样的。

多行引用

这是多行引用中的第一行，我的最后有两个空格。
这是多行引用中的第二行

多行引用

这是多行引用中的第一行

这是多行引用中的第二行

引用中嵌套引用

引中用是可以嵌套引用的

我是引用中嵌套的引用

引用中使用其他 Markdown 标记

来点击查看我的微博
加粗和斜体也是支持的。

2. 使用规范

- 建议在引用的标记符号>之后添加一个空格。

推荐：

```
> 美是到处都有的。
```

不推荐：

```
>  美是到处都有的，
>我们缺少的是发现美的眼睛。
```

- 建议每一行引用都使用符号>。

推荐：

```
> 美是到处都有的，
> 我们缺少的是发现美的眼睛。
```

不推荐：

```
> 美是到处都有的，
我们缺少的是发现美的眼睛。
```

- 不要在引用中添加空行。

推荐：

```
> 美是到处都有的，
>
```

```
> 我们缺少的是发现美的眼睛。
```

不推荐：

```
> 美是到处都有的，

> 我们缺少的是发现美的眼睛。
```

2.1.7 转义

当我们想在 Markdown 文件中插入一些标记符号，但又不想让这些符号被渲染时，可以使用\进行转义，语法如下。

```
\特殊符号
```

可被转义的特殊符号如下。

```
\    反斜线
`    反引号
*    星号
_    底线
{}   花括号
[]   方括号
()   括弧
#    井字号
+    加号
-    减号
.    英文句点
!    惊叹号
```

实例演示如下。

\\	\
*	*
\`	`
_	_
\{}	{}
\[]	[]

2.2　扩展语法GFM

在众多 Markdown 扩展语法中，GitHub Flavored Markdown（简称 GFM）无疑是目前最流行的，它提供了包括表格、任务列表、删除线、围栏代码、Emoji 等在内的标记语法，本书介绍的工具基本上都支持 GFM。

2.2.1　删除线

删除线的语法如下。

```
~~被删除的文字~~
```

实例演示如下。

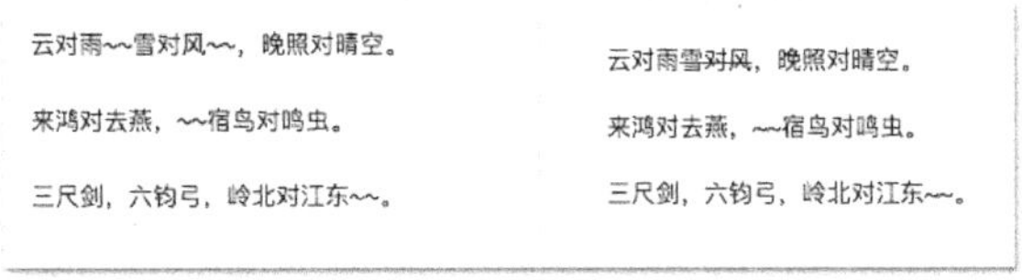

Markdown	预览
云对雨~~雪对风~~，晚照对晴空。	云对雨~~雪对风~~，晚照对晴空。
来鸿对去燕，~~宿鸟对鸣虫。	来鸿对去燕，~~宿鸟对鸣虫。
三尺剑，六钧弓，岭北对江东~~。	三尺剑，六钧弓，岭北对江东~~。

2.2.2　表情符号

使用：包裹表情代码即可，语法如下。

```
:表情代码:
```

实例演示如下。

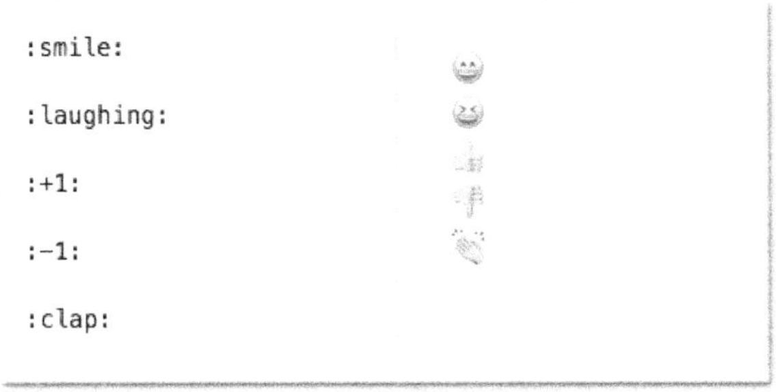

```
:smile:

:laughing:

:+1:

:-1:

:clap:
```

更多的表情符号请参考 http://www.webpagefx.com/tools/emoji-cheat-sheet/。

2.2.3 自动链接

在标准语法中，由<>包裹的 URL 地址被自动识别并解析为超链接，使用 GFM 扩展语法则可以不使用<>包裹。

实例演示如下。

注意： 自动链接只识别以 www 或 http://开头的 URL 地址。

如果不想使用自动链接，也可以使用`包裹 URL 地址如下。

```
`www.baidu.com`
```

2.2.4 表格

表格的语法如下。

```
|表头 1 | 表头 2 | 表头 3|
|---- | ---- | ---- |
|内容 1 | 内容 2 | 内容 3|
|内容 1 | 内容 2 | 内容 3|
```

语法说明如下。

1）单元格使用|来分隔，为了阅读更清晰，建议最前和最后都使用|。

2）单元格和|之间的空格会被移除。

3）表头与其他行使用----来分隔。

4）表格对齐格式如下。

- **左对齐（默认）：:----**
- **右对齐：----:**
- **居中对齐：:----:**

5）块级元素（代码区块、引用区块）不能插入表格中。

实例演示如下。

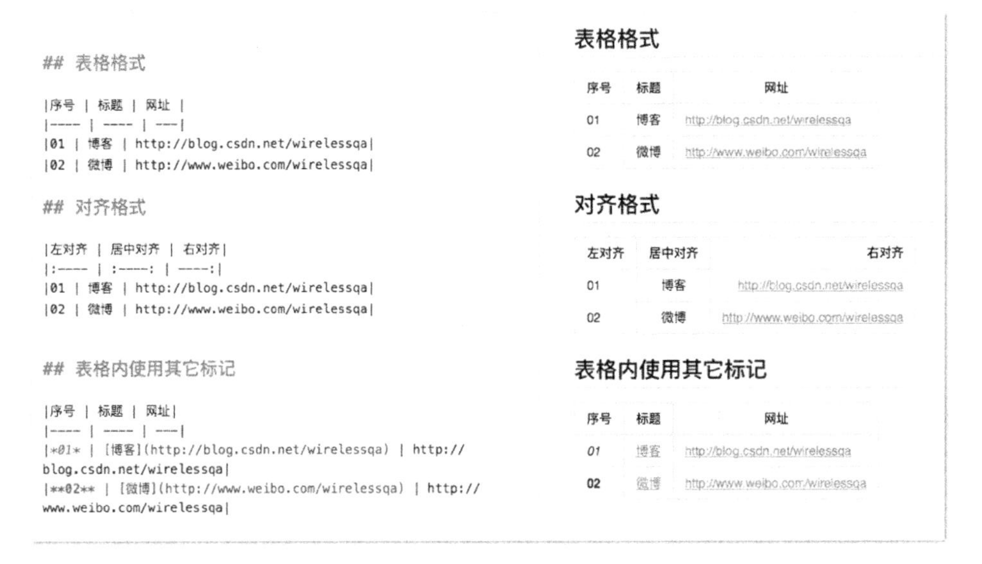

关于创建表格的建议如下。

1）在表格的前、后各空 1 行。

2）在每一行最前和最后都使用|，每一行中的|要尽量都对齐。

3）不要使用庞大复杂的表格，那样会难以维护和阅读。

推荐：

```
人员列表：
| 序号  | 姓名   |
|------|-------|
| 1    | 张三   |
| 2    | 李四   |
好多熟悉的名字。
```

不推荐：

```
人员列表：
 序号  | 姓名
------|------------
 1    | 张三
 2    | 李四
好多熟悉的名字。
```

2.2.5 任务列表

- 任务列表的语法如下。

```
- [ ] 未勾选
- [x] 已勾选
```

- 语法说明如下。

1）任务列表以- + 空格开头，由 [+ 空格/ x +] 组成。

2）x 可以小写，也可以大写，有些编辑器可能不支持大写，所以为避免解析错误，推荐使用小写的 x。

3）当方括号中的字符为空格时，复选框是未选中状态，为 x 时是选中状态。

- 实例演示如下。

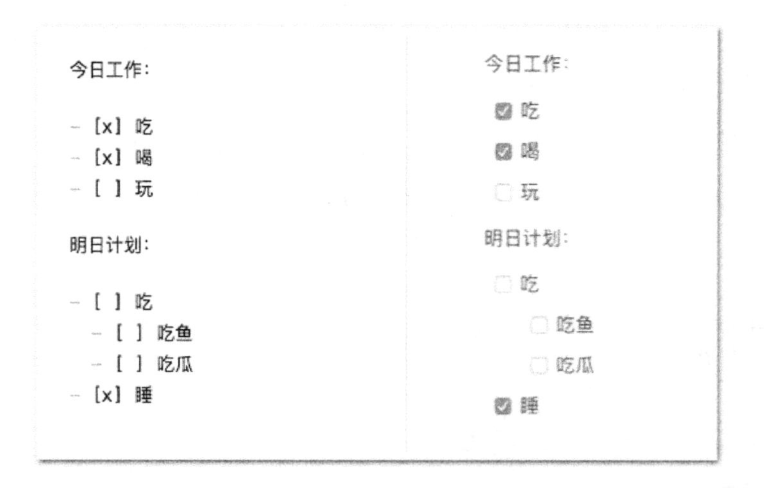

2.2.6　围栏代码块

在基础语法中，代码块使用 Tab 键或 4 个空格开头；在扩展语法中，围栏代码块使用连续 3 个`或 3 个~包裹，还支持语法高亮，可读性和可维护性更强一些。

- 围栏代码块语法如下。

````
```
代码片段
```
或
~~~
代码片段
~~~

语法高亮

```python
代码片段
```
````

- 语法说明如下。

围栏代码块使用连续 3 个`或 3 个~包裹，支持语法高亮并可以加上编程语言的名字。

- 实例演示如下。

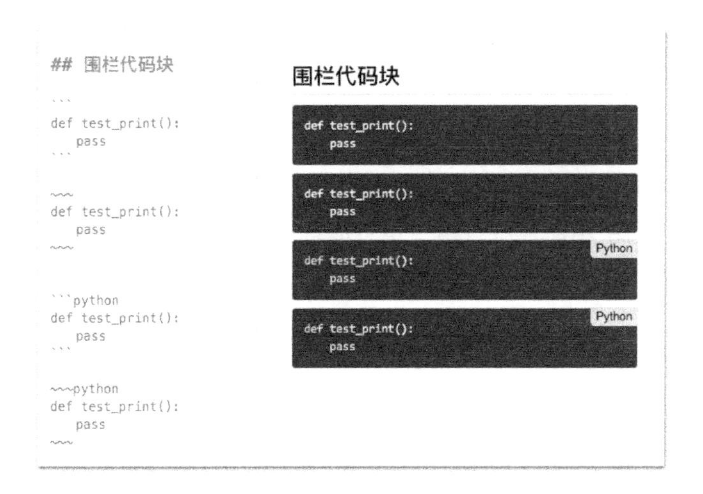

建议围栏代码块被空行包裹，推荐：

````
进入虚拟环境：

```shell
pipenv shell
```

简单吧!
````

2.2.7 锚点

锚点，也称为书签，用来标记文档的特定位置，使用锚点可以跳转到当前文档或其他文档中指定的标记位置。

Markdown 会被渲染成 HTML 页面，在 HTML 页面中可以通过锚点实现跳转；GitHub、GitBook 项目文档中的目录也是通过锚点实现跳转的。

- 锚点的语法如下。

```
[锚点描述](#锚点名)
```

- 语法说明如下。

1）锚点名建议使用字母和数字，当然中文也是被支持的，但不排除有些网站支持得不够好。

2）锚点名是区分英文大小写的。

3）在锚点名中不能含有空格，也不能含有特殊字符。

- 实例演示如下。

```
目录
* [第 01 章](#第 01 章)
* [第 02 章](#第 02 章)
```

```
## 第 01 章
ba la ba la

## 第 02 章
ba la ba la
```

2.3　排版技巧

有句话叫“**听过很多道理，却依然过不好这一生**”，同样，看过很多文章，却还是不知道怎么排版才好看。其实好的排版就是好的设计，而设计总会遵循一定的规则，当没有人明确告诉我们什么是好的设计时，参考最通用、最流行的做法总是没错的，毕竟能被大众所接受，就是最好的证明。

接下来我们参考苹果官网的文字排版样式，一起来探究文字排版的套路。

注意：下文所说的正确和错误可以理解为推荐和不推荐。

2.3.1　推荐的排版样式

下面有两个比较好的排版示例，注意观察它们是如何使用段落、数字、英文和标点符号的。

如下图所示，左图是受关注比较多的技术公众号“谷歌开发者”的版面，右图是付费学习平台“得到”的版面。

中国移动 上午9:25

谷歌开发者

每一位开发者都应该使用 Android Studio 3.2 来过渡到使用新应用发布格式 Android App Bundle。只需极少的工作，就能用 Android Studio 生成一个 App Bundle。将 App Bundle 上传到 Google Play 后即可向用户分发更小的优化后应用。早期采用者已证实 App Bundle 比旧的 APK 应用尺寸减少了 **11% - 64%**。

另一个您不想错过的功能是 Energy Profiler（电量分析器）。新分析器提供一套工具帮助诊断和改善应用的能耗。更长的设备电池寿命一直是用户最关心的一方面，而利用 Android Studio 3.2 中的电量监测器，您可以通过确保应用在正确的时间使用适当的电量，帮助改善设备电池寿命。

您还应该试试新的 Android 模拟器 Snapshots 快照功能。利用这个功能，您可以将模拟器的当前状态快速生成一张快照，包括屏幕、应用和设置的当前状态。您能够在 2 秒内恢复或引导到您的模拟器快照。对于任何一位寻求超快引导时间或寻求在一个预期的 Android 环境中运行测试的应用开发者而言，Android 模拟器快照都是应用开发的一项革命性功能。

中国移动 4G 下午1:27

返回

和你一起终身学习，这里是罗辑思维。

昨天我们说，诗歌可以创造一个世界。今天我们把这个逻辑再往前推一步，你想过没有，诗歌本身就是个世界？

在中国诗歌中，有一个奇怪的现象：经常一首诗，它到底是什么意思，主题是什么，谁也说不清楚，吵了上千年也没个结果，但是它就是一首很有名的诗。最典型的代表，就是李商隐的《锦瑟》。

历来说李商隐的人，对这首诗总是津津乐道，但是只要追问它的主题，就只能是一通瞎猜。我上大学的时候，我们古典文学的老师就说，别猜了，猜对了李商隐也不能活过来对你点头说 yes，恭喜你答对了。这种诗，你就吟诵，感受它的音韵之美就好了。当时我听到这个言论，内心真的是崩溃的。

Aa

2.3.2 排版样式对比

没有比较可能感受不是很明显，那我们就来比较一下“没有套路”和“有套路”的排版。

常见的没有套路的排版，如下图所示（图中文字摘自苹果官网，但样式进行了大量改动）。

如何开启或关闭mac

可通过按下电源按钮来开启mac.某些mac笔记本电脑也会在打开上盖或连接电源时开机.要关闭mac,请从苹果菜单中选择"关机".

开启mac(开机)

按下电源按钮,该按钮通常带有 ⏻ 标记.

- macbook pro(15英寸,2016年末)和macbook pro(13英寸,2016年末,四个thunderbolt3端口)电源按钮位于Multi-Touch Bar 旁边，并集成 Touch ID 传感器。按下Touch ID(电源按钮)来开启Mac。
- 其他mac笔记本电脑:电源按钮是键盘顶部角落处的一个按键，或是位于键盘旁边的圆形按钮。
- mac台式电脑:电源按钮是电脑背面上的一个圆形按钮。

macbook pro(15英寸,2016年末)、macbook pro(13英寸,2016年末,四个thunderbolt3端口)和macbook pro（13英寸,2016年末,两个Thunderbolt3端口）也会在打开上盖或连接到电源时开机（只要电池尚有余电）。

先直观感受一下有什么不对劲的地方。是不是感觉有点拥挤？是不是感觉层次不够清晰？

如果没什么感觉，说明你平时可能也是这样的风格，当然，我以前也是。不过当你学会一些排版的套路以后，再来看这样的排版就会觉得很别扭。

好的排版应该是什么样子呢？同样的文字，我们再来看看“有套路”的排版（苹果官网的排版）。

如何开启或关闭 Mac

可通过按下电源按钮来开启 Mac。某些 Mac 笔记本电脑也会在打开上盖或连接电源时开机。要关闭 Mac，请从苹果菜单中选择"关机"。

开启 Mac（开机）

按下电源按钮，该按钮通常带有 ⏻ 标记。

- MacBook Pro（15 英寸，2016 年末）和 MacBook Pro（13 英寸，2016 年末，四个 Thunderbolt 3 端口）：电源按钮位于 Multi-Touch Bar 旁边，并集成 Touch ID 传感器。按下 Touch ID（电源按钮）来开启 Mac。
- 其他 Mac 笔记本电脑：电源按钮是键盘顶部角落处的一个按键，或是位于键盘旁边的圆形按钮。
- Mac 台式电脑：电源按钮是电脑背面上的一个圆形按钮。

MacBook Pro（15 英寸，2016 年末）、MacBook Pro（13 英寸，2016 年末，四个 Thunderbolt 3 端口）和 MacBook Pro（13 英寸，2016 年末，两个 Thunderbolt 3 端口）也会在打开上盖或连接到电源时开机（只要电池尚有余电）。

再感受一下，是不是看着舒服多了？改了什么呢？有什么规则呢？

接下来我们就讲讲这些排版的小技巧。

2.3.3 关于空格

建议中文和英文之间加空格，中文/英文和数字之间也要加空格，不过有些编辑器和输入法（如百度输入法）会自动添加空隙，我们就没必要手动添加了，大家在使用时请多注意。

1. 一些需要加空格的情况

- 英文标点符号（如, . ; : ?）与后面的字符之间需要加空格，与前面的字符之间不需要加空格。

正确：More ways to shop: Visit an Apple Store, call 1-800-MY-APPLE, or find a reseller

错误：More ways to shop:Visit an Apple Store,call 1-800-MY-APPLE,or find a reseller

- 当在中文、英文中使用>（半角）标识路径时，两边都需要加空格。

正确：Erase data and settings in **Settings > General > Reset > Erase all Content and Settings**

错误：Erase data and settings in Settings> General>Reset >Erase all Content and Settings

正确：抹掉所有内容和设置的操作步骤：**设置 > 通用 > 还原 > 抹掉所有内容和设置**

错误：抹掉所有内容和设置的操作步骤：设置>通用>还原>抹掉所有内容和设置

2. 不加空格的情况

- 中文标点符号和数字、中文、英文之间不需要添加空格。

正确：MacBook Pro（15 英寸，2016 年年末）

错误：MacBook Pro （ 15 英寸， 2016 年年末 ）

- 数字和百分号之间不需要添加空格。

正确：集成图形处理器速度可比前代机型最高提升 103%之多

错误：集成图形处理器速度可比前代机型最高提升 103 %之多

- 数字和单位符号之间不需要添加空格。

正确：顺序读取速度最高可达 3.1GB/s，15 英寸机型首次提供 2TB 容量的固态硬盘配置

错误：顺序读取速度最高可达 3.1GB/s，15 英寸机型首次提供 2 TB 容量的固态硬盘配置

正确：配备 4MB 共享三级缓存

错误：配备 4 MB 共享三级缓存

- 英文和数字组合成的名字之间不需要添加空格。

正确：双核 Intel Core i7 处理器

错误：双核 Intel Core i 7 处理器

正确：iPhone 6s Plus 现有深空灰、银、金和玫瑰金四种颜色，配备 A9 芯片、3D Touch

错误：iPhone 6 s Plus 现有深空灰、银、金和玫瑰金四种颜色，配备 A 9 芯片、3 D Touch

- 当/（半角）表示“或”、“路径”时，与前后的字符之间均不加空格。

正确：/Volumes/warehouse/README.md

正确：小明精通“Python/Java/Go/Swift”的 Hello Word 打印语法

- 货币符号后不加空格。

正确：Apple will repair your device for a service price of $149

错误：Apple will repair your device for a service price of $ 149

- 负号后不加空格。

正确：3 - 5 = -2

错误：3 - 5 = - 2

2.3.4 全角和半角

对于很多人来说，全角符号和半角符号可能是最熟悉的陌生人，虽然它们随处可见，但大部分人都没用对。

全角：中文标点符号是全角，占两个字节。

半角：英文标点符号和数字是半角，占 1 个字节。

全角： ， 。 ； ： ！ ＃

半角： , . ; : ! #

- 在中文排版中，要使用全角标点符号。

正确：怒发冲冠，凭栏处，潇潇雨歇。

错误：怒发冲冠,凭栏处,潇潇雨歇.

- 在英文排版中，要使用半角标点符号。

正确：Get support by phone, chat, or email, set up a repair, or make a Genius Bar appointment.

错误：Get support by phone， chat, or email， set up a repair， or make a Genius Bar appointment。

2.3.5 正确的英文大小写

很多人在文章、邮件甚至简历中，会把专有名词写错，虽然这并不会影响人们对内容的理解，但有时的确会让人觉得你不太“专业”。

例如：

错误的写法：IPhone7、MacOS

正确的写法：iPhone 7、macOS

专有名词要使用正确的大小写，请参考它们的官方文档。

正确：macOS、iPhone、iPad Pro、Macbook Pro、iOS、GitHub

2.4 本章小结

学完本章以后，相信你已经可以游刃有余地使用 Markdown 写作了，对于文章的排版也一定有了很多新的认识。

不过要记住这么多语法规范确实不太容易，还好很多编辑器（如 Typora）已经帮我们规避了那些容易出错的地方， VS Code 也有插件能够进行语法检查，这些在接下来的章节里都会介绍。

第 3 章

沉浸在写作之中——Typora

Typora 是一款功能全面、简洁高效，而且又非常优雅的 Markdown 编辑器。它把源码编辑和效果预览合二为一，在输入标记之后随即生成预览效果，提供了**“所见即所得”**的 Markdown 写作体验。

在过去 4 年多的时间里，我几乎每天都使用 Typora 写作，它也几乎满足了我所有的写作需求：不管是工作计划、学习笔记、技术博客，还是要出版的书籍（包括本书）都是使用 Typora 写的。相信经过本章的学习，你也会喜欢上它。

3.1 你好，Typora

Typora 是目前最受欢迎的 Markdown 编辑器之一。它的主要特性如下。

1）实时预览：传统的 Markdown 编辑器都有两个窗口，左边是源码，右边是渲染后的效果。Typora 独辟蹊径，把源码编辑和效果预览合二为一，实现了真正的所见即所得。

2）扩展语法：Typora 不光支持 GFM，还扩展了数学公式、流程图等功能。

3）快捷操作：Typora 对几乎所有的 Markdown 标记都提供了快捷操作方式，使用起来非常高效。

4）界面漂亮：默认支持 6 种主题，可自定义，好看又好用。

5）文件转换：支持多种文件格式通过导入/导出功能跟.md 格式相互转换。

6）支持中文：支持中文，可以帮助大家更好地理解各项功能。

7）视图模式：支持大纲和文档列表视图，方便在不同段落和不同文件之间进行切换。

8）跨平台：支持 macOS、Windows 和 Linux 系统。

9）目前免费：这么好用的编辑器竟然是免费的。

3.1.1 快速开始

1. 下载安装

下载地址：https://typora.io/#download。

2. 设置语言

在默认情况下，Typora 会使用操作系统的语言，如果想要自定义语言，可以在 Typora 编辑器上执行如下操作：【偏好设置】→【通用】→【语言】，选择语言后，重启 Typora 即可生效。

3. 界面概览

先来认识一下 Typora 编辑器的界面，如下图所示。

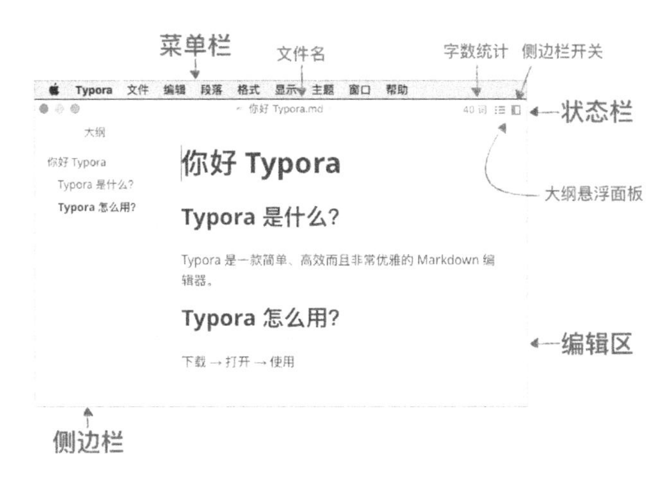

4. 大纲面板

把鼠标放到状态栏上，在右上角会显示【大纲】图标，单击该图标会显示大纲悬浮面板，这个面板可以被固定在侧边栏。

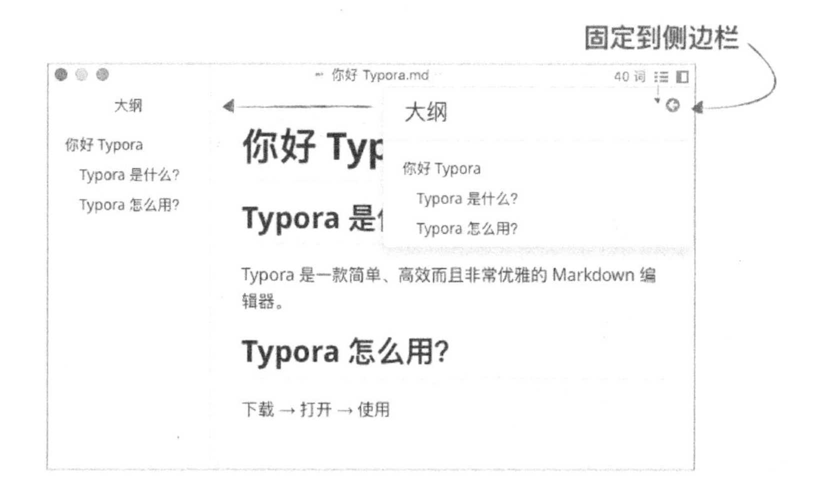

5. 字数统计

把鼠标放到状态栏上，在右下角会显示文件的字数，单击字数会显示较详细的字数信息。如果你选择了一段文本，则会在信息面板中显示被选中的文字信息。

默认鼠标放到状态栏上才会显示字数信息，如果我们想让字数一直显示，则需要在【偏好设置】中设置，操作步骤：文件→【偏好设置】→【外观】→【字数统计】→勾选【总是显示字数统计】。

6. 主题

Typora 提供了 6 款漂亮的主题供大家选择，每一个都很漂亮。可通过菜单栏上的【主题】进行切换，主题效果示例如下。

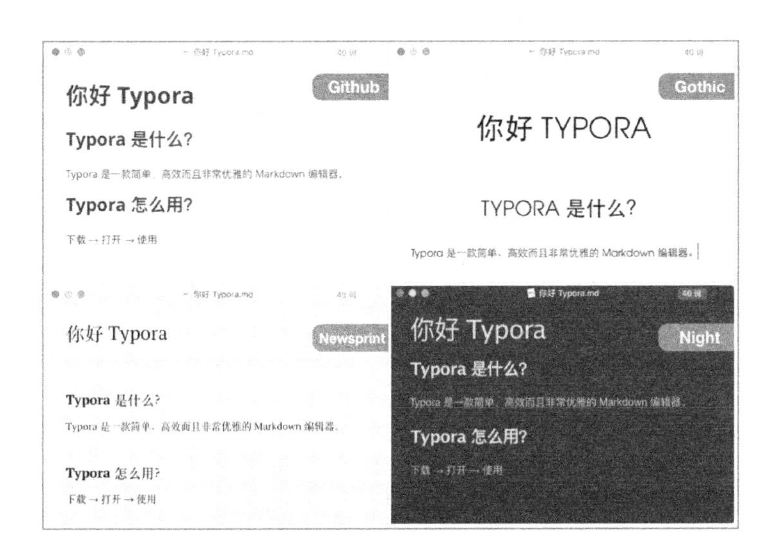

7. 实时预览

Typora 编辑器最具特色的功能是实时预览，当输入 Markdown 标记后，按回车键或把光标定位到别的段落就能够看到预览效果。

例如，在 Typora 中输入下面这段使用 Markdown 标记的内容。

```
## 常用标记

**粗体**、*斜体*、==高亮==、~~删除线~~、<u>下画线</u>、我是^上标^、我是~下标~、
[超链接](http://www.baidu.com)

![图片]
(https://img3.doubanio.com/view/movie_poster_cover/lpst/public/p2411
953504.jpg)

 无序列表

- 无序列表 1
- 无序列表 2

 有序列表

1. 有序列表
```

```
2. 有序列表

任务列表

- [ ] 看电影
- [ ] 听音乐
```

实时显示效果如下图所示。

常用标记

粗体、*斜体*、高亮、~~删除线~~、下画线、我是上标、我是下标、超链接

无序列表

- 无序列表1
- 无序列表2

有序列表

1. 有序列表
2. 有序列表

任务列表

- [ ] 看电影
- [ ] 听音乐

3.1.2 安装 Pandoc

Pandoc 是一个标记语言转换工具，可实现不同标记语言间的格式转换。

Typora 的文件导入/导出功能是使用 Pandoc 把 Markdown 文件转换成不同格式

的文件，所以如果想使用文件导入/导出功能，必须要先安装 Pandoc。

如果不安装 Pandoc，Typora 只支持导出 HTML 和 PDF 格式的文件。

如果安装了 Pandoc，Typora 支持的文件格式如下。

- 导入文件格式。

如.docx、.latex、.tex、.ltx，.rst、.rest、.org、.wiki、.dokuwiki、.textile、.opml、.epub 等。

- 导出文件格式。

如 HTML、PDF、Word、OpenOffice、RTF、ePub、$\LaTeX$、MediaWiki、PNG 等。

Pandoc 的安装步骤如下。

打开 https://github.com/jgm/pandoc/releases/latest，下载最新的安装包（注意要对应本机的操作系统），双击后按照提示一步一步安装即可。

macOS 用户还可以使用 home-brew 进行安装。

```
sudo brew install pandoc
```

3.2 高效地使用Markdown

Typora 支持 GFM，还扩展了很多其他的功能（如支持数学公式、上标、下标、高亮、各种图表等），它几乎为每一种标记都提供了快捷的操作方式，并且通过最佳实践规避了一些令人困惑的操作，这使我们的写作变得更加轻松。

3.2.1 基础语法和 GFM 语法

1. 编辑样式

在 Typora 中通过执行：菜单栏→【格式】→【加粗/斜体/代码（行内代码）/图像/超链接】可以添加或移除关于文字**样式**的标记符号。如果没有选中文字，则只会添加标记符号；如果选中了文字，则会为选中的文字添加或移除标记符号。

相关样式的快捷键如下。

操作	macOS 系统	Windows 系统
加粗	Command + B	Ctrl + B
斜体	Command + I	Ctrl + I
行内代码	Control + `	Ctrl + Shift + `
插入图片	Control + Command + I	Ctrl + Shift + I
超链接	Command + K	Ctrl + K
链接引用	Option + Command + L	无
删除线	Control + Shift + `	Alt + Shift + 5
表情与符号	Control + Command + 空格键	无

小提示：【链接引用】在【段落】菜单中，【表情与符号】在【编辑】菜单中。

2. 编辑段落

在 Typora 中通过执行：菜单栏→【段落】→【段落/引用/表格/代码块/分隔线/有序列表/无序列表/任务列表】，可以添加或移除关于段落的标记符号。

a）段落与换行

在 Markdown 中，换行符是比较让人困惑的，对此，Typora 的官方建议如下。

1）使用 Typora 的默认设置。

2）在 Typora 混合界面（预览界面）写作。

3）使用 Enter 键插入新段落，避免多插入空行。

4）如果要插入强制换行符，请使用 HTML 标签
。

最通用的插入强制换行符的方法有两种。

1）在行尾加两个空格然后按回车键。

2）使用 HTML 标签
实现换行，在默认情况下，
不显示，若想显示可以执行：菜单栏→【编辑】→【空格与换行】→勾选【显示
】。

在 Typora 中，还提供了一种快速换行的方法，确认勾选保留单换行符：菜单栏→【编辑】→【空格与换行】→勾选【保留单换行符】，然后使用快捷键 Shift + Enter 换行。

上述换行符可能在导出/打印时被忽略，请到【偏好设置】→【Markdown】→【空格与换行】→【导出与打印】去设置是否忽略。

关于 Typora 中的段落需要知道下面几点内容。

1）如果想要开始新的段落只需按一次回车键即可，所见即所得，查看源码你会发现 Typora 自动帮我们插入了一个空行。

2）在默认情况下，段落的首行没有缩进，但如果你习惯了首行缩进，可以这样设置：菜单栏→【编辑】→【空格与换行】→勾选【首行缩进】。

3）在表格或图表的前后插入段落不太方便，如果有此需求，可以在表格内单击鼠标右键→【插入】→选择【段落（上方）/段落（下方）】。

b）标题

对标题进行设置的快捷键如下。

操作	macOS 系统	Windows 系统
设置为一级标题	Command + 1	Ctrl + 1
设置为二级标题	Command + 2	Ctrl + 2
设置为三级标题	Command + 3	Ctrl + 3
设置为四级标题	Command + 4	Ctrl + 4
设置为五级标题	Command + 5	Ctrl + 5
提升标题级别	Command + =	Ctrl + =
降低标题级别	Command + -	Ctrl + -
设置为普通文本	Command + 0	Ctrl + 0

小提示：当标题的级别过多时，除了查看源码，肉眼很难区分它们，有没有什么办法可以更好地区分标题的级别呢？有，把光标放在标题行的任意位置，在标题行的左上角会显示标题的级别（h3/h4/h5），一级和二级标题不显示。

c）列表

Typora 支持有序列表、无序列表和任务列表，它们之间可以通过快捷键实现快速切换，还可以使用列表缩进功能快速调整缩进，使用起来非常方便。与列表操作相关的快捷键如下表所示。

操作	macOS 系统	Windows 系统
添加有序列表	Option + Command + O	Ctrl + Shift + [
添加无序列表	Option + Command + U	Ctrl + Shift +]
增加缩进	Command +]	Ctrl +]
减少缩进	Command + [	Ctrl + [
添加任务列表	Option + Command + X	无
切换任务状态	Control + X	无

小提示

1）当光标放在任务列表上时，任务状态被激活，这时才可以“切换任务状态”。

2）列表和代码块都可以使用“增加缩进”和“减少缩进”。

效果如下图所示。

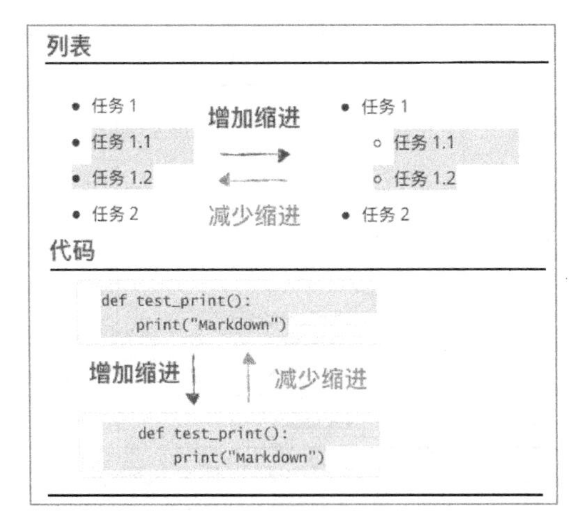

d）引用和水平分隔线

与引用和水平分割线相关的快捷键如下。

操作	macOS 系统	Windows 系统
添加引用	Option + Command + Q	Ctrl + Shift + Q
添加水平分隔线	Option + Command + -	无

e）表格

- 创建表格。

如果想创建一个表格，可以执行：菜单栏→【段落】→【表格】→输入列数和行数→单击【确定】按钮。创建表格的快捷键如下。

macOS 系统	Windows 系统
Option + Command + T	Ctrl + T

除上面所讲的方法外，还有一种可以快速创建表格的比较酷的方式：输入表头的标记语法，在最后一个 | 之后按回车键，如下图所示。

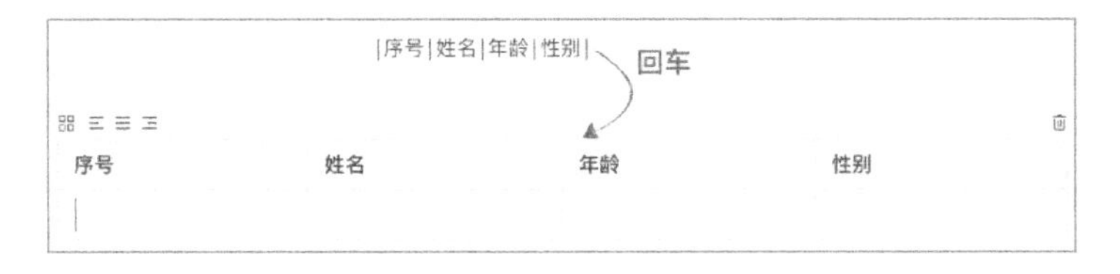

- 增加行/删除行、复制表格、格式化表格。

对于表格的增加、删除、复制和格式化操作，可以在表格中单击鼠标右键，选择【表格】，通过其列出的操作选项对表格进行操作，如下图所示。

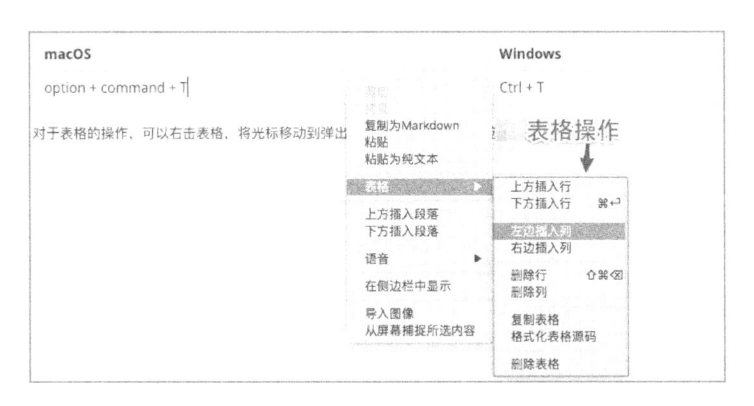

相关快捷键如下。

操作	macOS 系统	Windows 系统
增加 1 行（下一行）	Command + Enter	Ctrl + Enter
删除 1 行（当前行）	Command + Shift + Delete	Ctrl + Backspace

- 快速调整表格。

如果想快速调整表格的行数、列数、对齐方式，可以将光标放在表格中，表格左上方和右上方都会显示操作菜单，直接进行操作即可，如下所示。

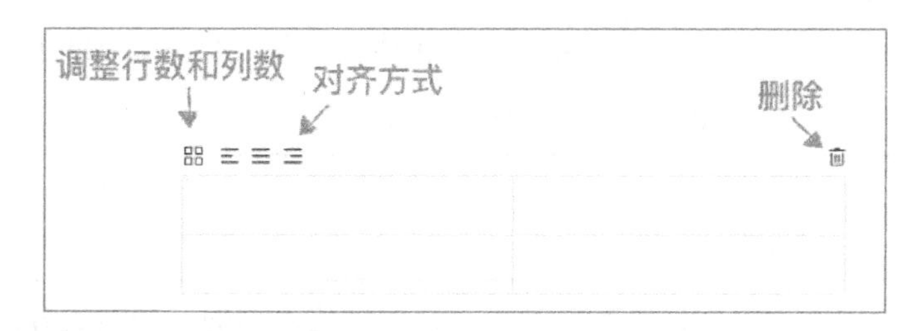

如果想调整表格中行或列的顺序，可将光标放在行的最左边或列的最上边，待光标变成双向箭头后拖动即可调整顺序，如下图所示。

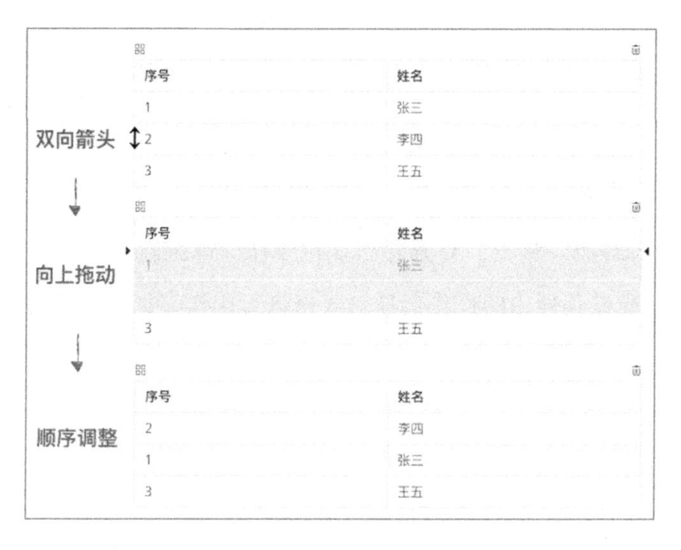

f）代码

- 插入围栏代码块。

如果想添加或删除围栏代码块的标记，可以执行：菜单栏→【段落】→【代码块】。如果想把某段内容使用围栏代码块包裹，需要先选中该内容，然后执行上述操作。

相关快捷键如下。

macOS 系统	Windows 系统
Option + Command + C	Ctrl + Shift + K

如果想声明语言，将光标放在代码块中，在代码块右下角的【选择语言】中输入编程语言就可以了。

- 显示代码行数。

代码块默认是不显示代码行数的，如果想显示，则需要执行：文件→【偏好设置】→【Markdown】→【代码块】→勾选【显示行号】。

- 自动换行。

在代码块中，如果代码过长，默认是会自动换行的，如果我们不希望代码自动换行，可以执行：文件→【偏好设置】→【Markdown】→【代码块】→不勾选【代码块自动换行】。

自动换行与不自动换行的效果对比如下图所示。

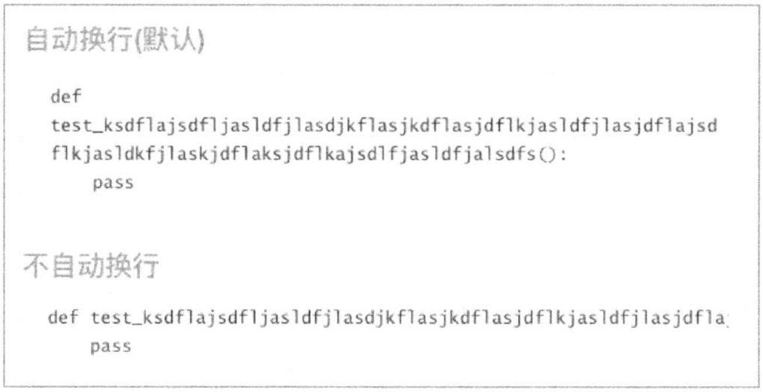

自动换行(默认)

```
def
test_ksdflajsdfljasldfjlasdjkflasjkdflasjdflkjasldfjlasjdflajsd
flkjasldkfjlaskjdflaksjdflkajsdlfjasldfjalsdfs():
    pass
```

不自动换行

```
def test_ksdflajsdfljasldfjlasdjkflasjkdflasjdflkjasldfjlasjdfla
    pass
```

3.2.2 Typora 扩展语法

Typora 扩展了下画线、数学公式、目录、脚注、上标和下标、图表操作等功能，并且支持很多 HTML 标签，使排版格式变得更加齐全。

1. 编辑样式

a）下画线

在 Typora 中，下画线是通过 HTML 的<u>标签实现的，其语法如下。

```
<u>这段文字下面有下画线</u>
```

效果如下所示。

这段文字有下画线

相关快捷键如下。

macOS 系统	Windows 系统
Command + U	Ctrl + U

b）内联数学公式

如果想使用内联数学公式，需要先激活：【偏好设置】→【Markdown】→【Markdown 扩展语法】→勾选【内联公式】→重启 Typora，内联数学公式的语法是使用$把数学公式包裹起来，如下所示。

```
$数学公式$
```

实例演示如下。

```
分数：$ f(x,y) = \frac{x^2}{y^3} $

开根号：$ f(x,y) = \sqrt[n]{{x^2}{y^3}} $

省略号：$ f(x_1, x_2, \ldots, x_n) = x_1 + x_2 + \cdots + x_n $
```

效果如下图所示。

分数：$f(x,y) = \frac{x^2}{y^3}$
开根号：$f(x,y) = \sqrt[n]{x^2y^3}$
省略号：$f(x_1, x_2, \ldots, x_n) = x_1 + x_2 + \cdots + x_n$

还可以执行：菜单栏 →【格式】→【内联公式】，插入内联公式的语法标记。

设置内联数学公式的快捷键如下。

macOS 系统	Windows 系统
Control + M	无

c）下标和上标

如果想使用上标和下标，需要先激活：【偏好设置】→【Markdown】→【Markdown 扩展语法】→勾选【下标】、【上标】→重启 Typora，其语法如下。

```
~下标内容~

^上标内容^
```

语法说明如下。

1）使用~把下标内容包裹起来。

2）使用^把上标内容包裹起来。

实例演示如下。

```
下标：H~2~O

上标：X^2^+Y^2^
```

渲染效果如下。

下标：H_2O

上标：X^2+Y^2

还可以执行：菜单栏→【格式】→【上标/下标】，插入上标/下标的语法标记。

d）高亮

如果想使用高亮功能，需要先激活：【偏好设置】→【Markdown】→【Markdown 扩展语法】→勾选【高亮】→重启 Typora，其语法如下。

```
==高亮内容==
```

语法说明如下。

1）使用两个等号（=）把想要高亮的内容包裹起来。

2）设置为高亮的内容显示为黄色。

实例演示如下。

```
春对夏，秋对冬，==暮鼓对晨钟==。观山对玩水，绿竹对苍松。
```

效果如下图所示。

春对夏，秋对冬，暮鼓对晨钟。观山对玩水，绿竹对苍松。

还可以执行：菜单栏→【格式】→【高亮】，插入高亮的语法标记。

设置高亮效果的快捷键如下。

macOS 系统	Windows 系统
Command + Shift + H	无

e）注释

如果想添加注释，可以执行：菜单栏→【格式】→【注释】。在编辑和预览时，注释的内容会被显示；在导出 PDF 或 Word 时，则会被隐藏。

设置注释的语法如下。

```
<!--我是注释-->
```

设置注释的快捷键如下。

macOS 系统	Windows 系统
Control + -	无

f）清除样式

如果想快速清除样式，可以执行：菜单栏→【格式】→【清除样式】。

清除样式的快捷键如下。

macOS 系统	Windows 系统
Command + \	Ctrl + \

2. 编辑段落

a）数学公式块

专业的写作离不开数学公式，Typora 对此做了很好的支持，其语法是使用两个$包裹数学公式，如下所示。

```
$$
数学公式
$$
```

官方示例如下。

```
$$
\mathbf{V}_1 \times \mathbf{V}_2 =  \begin{vmatrix}

\mathbf{i} & \mathbf{j} & \mathbf{k} \\

\frac{\partial X}{\partial u} &  \frac{\partial Y}{\partial u} & 0 \\

\frac{\partial X}{\partial v} &  \frac{\partial Y}{\partial v} & 0 \\

\end{vmatrix}
$$
```

效果如下图所示。

$$\mathbf{V}_1 \times \mathbf{V}_2 = \begin{vmatrix} \mathbf{i} & \mathbf{j} & \mathbf{k} \\ \frac{\partial X}{\partial u} & \frac{\partial Y}{\partial u} & 0 \\ \frac{\partial X}{\partial v} & \frac{\partial Y}{\partial v} & 0 \end{vmatrix}$$

为某段内容添加或删除公式块，需要先选中该内容，然后执行：菜单栏→【段落】→【公式块】。如果不选中任何内容，直接执行：菜单栏→【段落】→【公式块】，则会插入公式块标记。

公式块快捷键如下。

macOS 系统	Windows 系统
Option + Command + B	Ctrl + Shift + M

b）目录

在 Typora 中，可以自动获取文章的标题来生成目录，当标题修改时，目录会随之自动更新，使用起来非常方便，其语法如下。

```
[TOC]
```

语法说明如下。

1）TOC 是 Table of Contents 的缩写。

2）在想插入目录的位置输入[TOC]，按回车键后就可以自动生成文章的目录了。

直接输入[TOC]标记已经很简便了，可如果我们忘记了语法，也可以执行：菜单栏→【段落】→【内容目录】。

效果如下图所示。

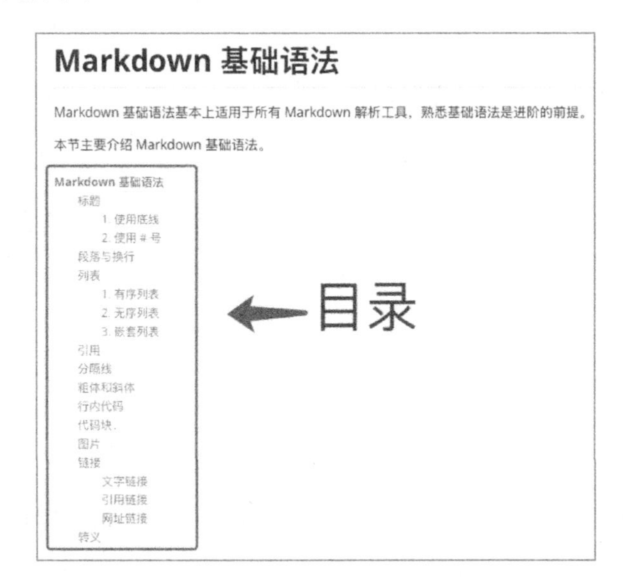

c）脚注

添加脚注的语法如下。

```
我们可以这样引用一个脚注[^参考]
[^参考]：这段文字是对脚注的描述。
```

当鼠标放在引用的脚注之上时，会显示脚注的描述信息；若脚注没有定义，则会提示我们定义脚注的语法。

效果如下图所示。

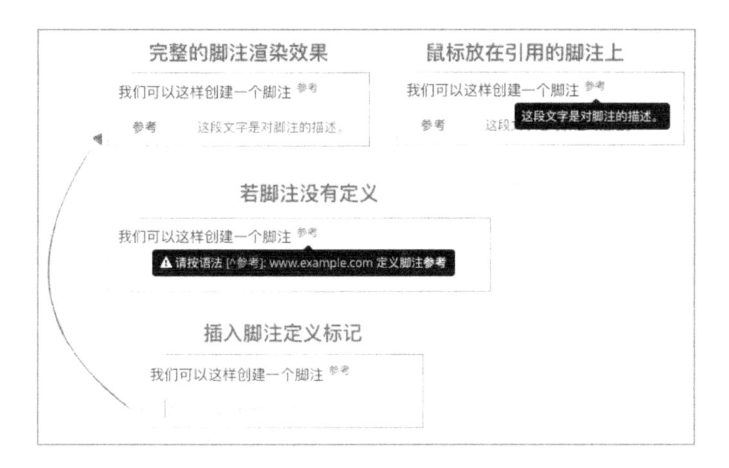

可以执行：菜单栏→【段落】→【脚注】来快速插入标记。插入脚注的快捷键如下。

macOS 系统	Windows 系统
Option + Command + R	无

d）图表（序列图、流程图和 Mermaid）

如果想使用图表功能，需要先激活：文件→【偏好设置】→【Markdown】→【Markdown 扩展语法】→勾选【图表】→重启 Typora。

需要注意如下几点。

1）图表是 Typora 的扩展语法，标准的 Markdown 语法、CommonMark 和 GFM 都不支持这一语法。

2）如果想要把图表使用到更多的地方，推荐直接插入图片，不推荐在 Typora 中进行绘制。

3）在 Typora 中，图表在导出 HTML/PDF/ePub/docx 等格式的文件时会被正常显示，但是其他的 Markdown 编辑器不一定支持此语法。

● 序列图

序列图（Sequence Diagram）也被称为循序图，是一种 UML（Unified Modeling Language，统一建模语言）行为图，它通过描述对象之间发送消息的时间顺序显示多个对象之间的动态协作。

Typora 提供的序列图语法标记功能是基于开源项目（js-sequence-diagrams）开发的，其语法如下。

````
```sequence
js-sequence-diagrams 语法
```
````

语法说明如下。

1）使用 3 个` + sequence 包裹 js-sequence-diagrams 语法。

2）js-sequence-diagrams 语法参考 https://bramp.github.io/js-sequence-diagrams/。

实例演示如下。

````
````sequence
张三->李四：李四，吃了吗?

Note right of 李四：我显示在李四的右边

李四-->张三：好久不见，三儿，我刚吃过！
```
````

效果如下图所示。

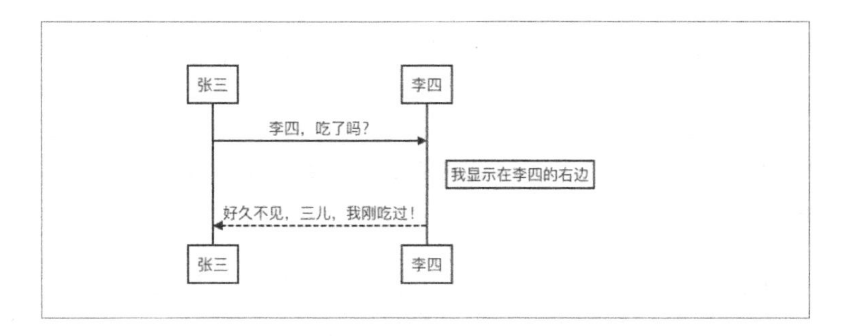

- 流程图

流程图是以图像的方式表示过程、算法和流程的，Typora 提供的流程图语法标记是基于开源项目（flowchart.js）开发的，其语法如下。

````
```flow
flowchart.js 语法
```
````

语法说明如下。

1）使用 3 个`+flow 包裹 flowchart.js 语法。

2）flowchart.js 语法参考 http://flowchart.js.org/。

实例演示如下。

````
```flow
st=>start: 开始
op=>operation: 我是帅哥
cond=>condition: Yes or No?
e=>end: 结束

st->op->cond
cond(yes)->e
cond(no)->op
```
````

效果如下图所示。

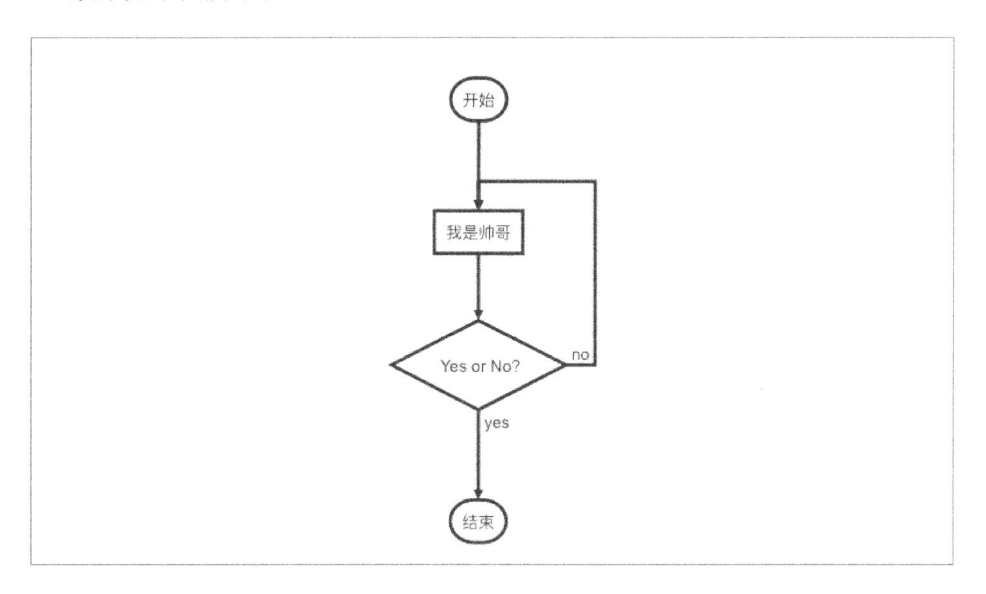

- Mermaid

Typora 集成了 Mermaid，Mermaid 支持使用文本的方式生成图表，包括序列图、流程图和甘特图。

1）Mermaid 序列图的语法如下（可参考 https://knsv.github.io/mermaid/#loops32）。

````
```mermaid
Mermaid 序列图语法
```
````

实例演示如下。

````
```mermaid
%% 序列图举例（我是注释）
sequenceDiagram
    张三->>李四：李四，吃了吗？
    李四-->>张三：好久不见，三儿，我刚吃过！
    Note right of 李四：我显示在李四的右边
```
````

效果如下图所示。

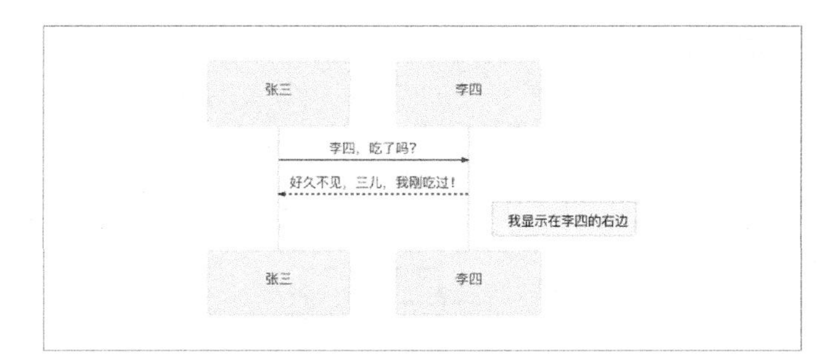

2）Mermaid 流程图的语法如下（可参考 https://knsv.github.io/mermaid/#graph18）。

````
```mermaid
Mermaid 流程图语法
```
````

实例演示如下。

````
```mermaid
graph TD
A[开始] -->B(我是帅哥)
    B --> C{Yes or No?}
    C -->|Yes| D[结束]
    C -->|No| B
```
````

效果如下图所示。

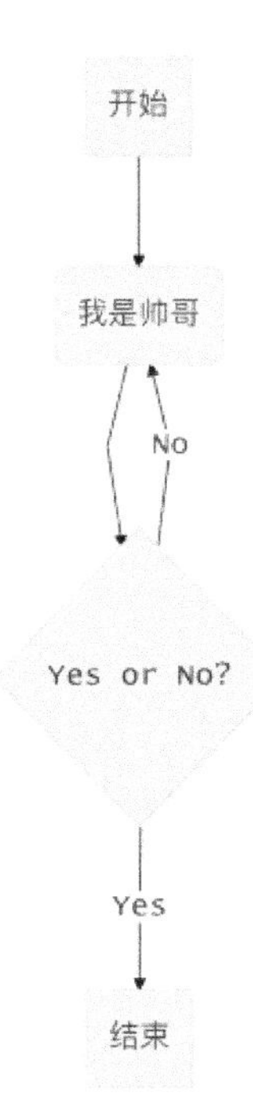

3）Mermaid 甘特图。

甘特图（Gantt chart）是将活动与时间联系起来的一种图表形式，能够显示每个活动的历时长短。甘特图很清晰地标识出每一项任务的起始与结束时间，通常在项目管理中使用，方便人们从时间上整体把握项目进度。

Mermaid 甘特图的语法如下（可参考 http://knsv.github.io/mermaid/index.html#mermaid-cli）。

````
```mermaid
Mermaid 甘特图语法
```
````

实例演示如下。

````
```mermaid
%% 甘特图示例
gantt
dateFormat  YYYY-MM-DD
   title 项目开发周期
````
````

~~~
    section 需求评审

    需求评审        :2018-01-01,2018-01-02
    section 功能开发
    开发编码        :2018-01-03,2018-01-08
    开发自测        :2018-01-08,2018-01-09
    section 项目测试
    第 1 轮测试      :2018-01-09,2018-01-14
    第 2 轮测试      :2018-01-14,2018-01-16
```
~~~

效果如下图所示。

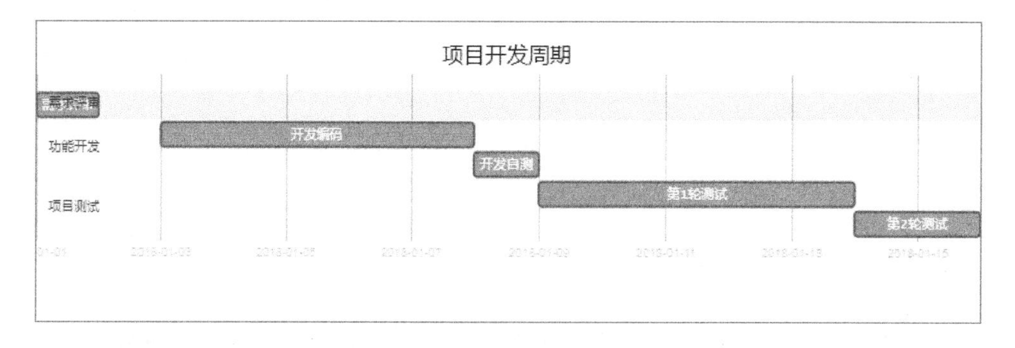

3. 使用HTML标签

Typora 还支持很多常用的 HTML 标签，使用这些标签可以让样式更加丰富，但这也导致纯粹的写作变得更加复杂，提高了用户使用的门槛，因此我们在此只列举几个简单的例子作为参考。

a）文字颜色和大小

示例代码如下。

```
推荐使用样式给文字添加颜色
<span style="color:green"> 绿 色 </span><span style="color:#fa0;font-size:20px">黄色</span><span style="color:red;font-size:30px">红色</span>
```

效果如下图所示。

推荐使用样式给文字添加颜色绿色黄色红色

b）嵌入网页

示例代码如下。

```
<iframe height='265' scrolling='yes' title='百度首页' src='http://www.baidu.com' frameborder='no' allowtransparency='true' allowfullscreen='true' style='width: 100%;'></iframe>
```

效果如下图所示。

注意：内嵌的网页在导出文件时是无法显示的。

c）插入视频

示例代码如下。

```
<video src="./imgs/video.mov" />
```

注意：内嵌的视频在导出文件时是无法显示的。

这些标签的使用专业要求相对较高，不适合普通读者，感兴趣的读者可以到 https://support.typora.io/HTML/了解更多。

3.3　一些实用的功能

3.3.1　文件操作

1. 快速打开文件

如果想快速打开最近打开过的文件，可以执行：菜单栏→【文件】→【快速打开】，此时会打开一个弹窗，弹窗会列出最近打开过的文件列表，并且可以通过文件名进行查找，这样就能不离开窗口而快速打开文件了。

不过最快的操作方式还是使用快捷键，打开文件的快捷键如下所示。

操作	macOS 系统	Windows 系统
打开文件	Command + O	Ctrl + O
打开最近一个关闭的文件	Command + Shift + T	Ctrl + Shift + T
快速打开最近打开过的文件	Command + Shift + O	Ctrl + P

2. 复原历史版本

在 macOS 系统下，Typora 提供了文件复原功能，相当于对文件进行了版本管理，此功能可以把文件复原到某个指定的时间点。其操作步骤如下。

菜单栏→【文件】→【复原到】→【上次存储的版本/上次打开的版本/浏览所有版本...】→单击【浏览所有版本...】，在这个界面选择想复原到哪个时间点的版本，如下图所示。

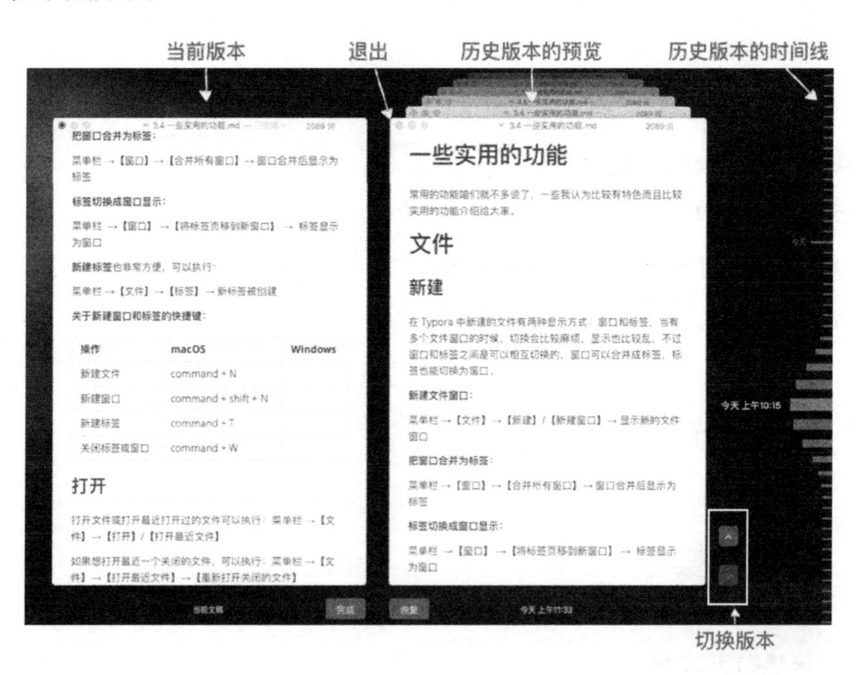

虽然 Windows 下的 Typora 不支持版本控制功能，但是可以恢复自动保存到草稿中的内容。恢复的步骤：【文件】→【偏好设置】→【保存&恢复】→单击【恢

复未保存的草稿】→找到以日期和文件名（或文件的第一个标题/句子）命名的草稿进行恢复。

3. 自动保存

自动保存是一个编辑器的基本功能，Typora 的设置也比较简单。

在 Windows 系统下，通过【文件】→【偏好设置】→【通用】→【保存&恢复】→勾选【自动保存】。

在 macOS 系统下，文档的自动保存功能是由操作系统控制的，默认始终被开启，但是可以设置在关闭文稿时是否弹出保存提醒。这需要通过系统设置：macOS→系统偏好设置→【通用】→确认是否勾选【关闭文稿时要求保存更改】。

4. 导入/导出

如果想把其他格式的文件转成 Markdown 文件，可以使用 Typora 的导入功能，如果想把 Markdown 格式的文件转换成其他格式的文件，则可以使用导出功能。具体步骤是，首先安装 Pandoc，然后执行：菜单栏→【文件】→【导入】/【导出】。

小提示：

1）导入后缀为.docx、.latex、.opml、.epub 等格式的文件，导入后的文件格式会自动转换为 Markdown 格式的文件。

2）Markdown 格式的文件可以直接导出为 HTML、PDF、Word、OpenOffice、ePub、$\LaTeX$、reStructuredText、PNG 等格式的文件。

3.3.2 编辑技巧

1. 复制和粘贴

在默认情况下，在 Typora 中复制文本时，复制的是渲染后的格式。如果想复制 Markdown 源码，可以执行：菜单栏→【编辑】→【复制为 Markdown】，或者选择要复制内容，单击鼠标右键，在弹出的菜单中选择【复制为 Markdown】。

执行复制操作的快捷键如下。

macOS 系统	Windows 系统
Command + Shift + C	Ctrl + Shift + C

如果我们想把“复制 Markdown 源码”设置为默认的复制行为，可以执行：文件→【偏好设置】→【编辑器】→【默认复制行为】→勾选【当复制纯文本时复制 Markdown 源码】。

如果想直接复制 HTML 源码，可以执行：菜单栏→【编辑】→【复制为 HTML 代码】；如果想在粘贴时去掉所有格式，可以执行：菜单栏→【编辑】→【粘贴为纯文本】。

执行粘贴操作的快捷键如下。

macOS 系统	Windows 系统
Command + Shift + V	Ctrl + Shift + V

上述几种复制/粘贴的效果如下图所示。

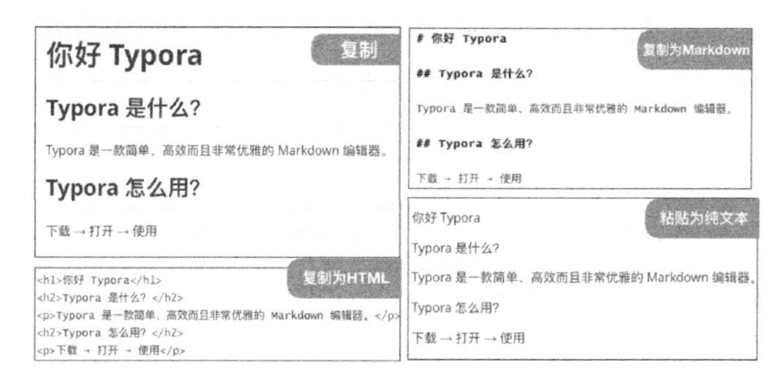

2. 选择

【编辑】菜单中的选择功能有选中当前词、选中当前行/句、选中当前格式文本和全选。

相关快捷键如下。

操作	macOS 系统	Windows 系统
选中当前词	Command + D	Ctrl + D
选中当前行/句	Command + L	Ctrl + L
选中当前格式文本	Command + E	Ctrl + E
全选	Command + A	Ctrl + A

"选中当前词"也可以通过双击鼠标来执行，三击鼠标可以"选中当前行/句"。

3. 删除

由于选择操作（选中当前词、选中当前行/句、选中当前格式文本和全选）都有快捷键，因此在 Typora 中，删除内容最便捷的方法就是先选择再删除，仅需两步。

在所有删除操作中，只有删除当前词可以一键完成，其快捷键如下。

macOS 系统	Windows 系统
Command + Shift + D	Ctrl + Shift + D

4. 查找和替换

通过快捷键 Command + F（Windows：Ctrl + F）调出查找面板，在查找面板上可以设置是否"区分大小写"和是否"查找整个单词"，默认都是否，如下图所示。

可以在查找面板上切换上一个和下一个查找结果，也可以按回车键切换下一个，或者通过快捷键切换，其快捷键如下。

操作	macOS 系统	Windows 系统
查找下一个	Command + G	F3
查找上一个	Command + Shift + G	Shift + F3

单击查找面板上【查找】右边的向下三角，或者通过快捷键 Option + Command + F（Windows：Ctrl + H）可以显示查找和替换面板，如下图所示。

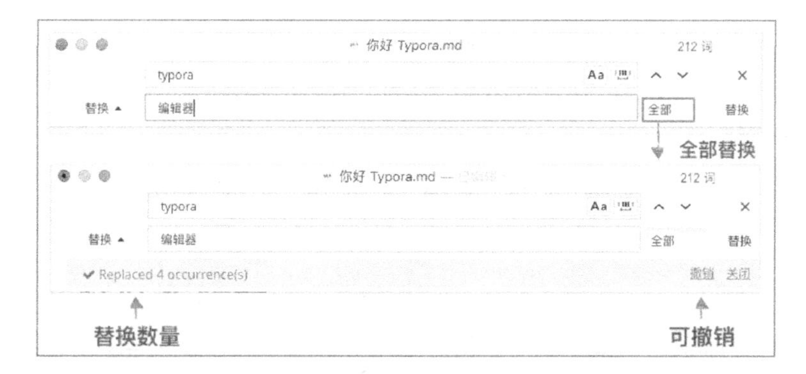

如果把光标放在替换内容输入框中，按回车键会替换下一个，也可以通过快捷键（macOS 系统: Command + Option + E）来替换下一个。

5. 跳转

在 Typora 中，除通过侧边栏的大纲列表进行跳转外，还可以通过快捷键快速跳转到页首、页尾和选中的文本区域，相关快捷键如下。

操作	macOS 系统	Windows 系统
跑转到文首	Command + ↑	Ctrl + Home
跳转到文末	Command + ↓	Ctrl + End
跳转到所选内容	Command + J	Ctrl + J

6. 图片操作

在 Typora 中，可以快速插入本地图片、复制插入的图片到指定文件夹、上传图片到图床（仅支持 macOS 系统）、图片居中、调整图片大小等功能。关于图片居中：当一个段落中只包含一张图片时，图片会居中对齐，否则会左对齐。

a）插入本地图片

方法 1：如下图所示，在插入图片标记后，单击右边的文件夹图标，可以快速插入本地图片。插入图片标记的效果如下图所示。

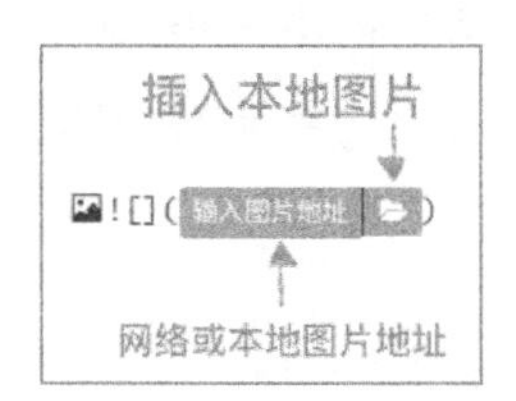

方法 2：菜单栏→【格式】→【图像】→【插入本地图片】。

方法 3：直接拖动本地图片到编辑器中，效果如下图所示。

小提示：插入的图片名称会被自动提取为 Markdown 文件中的图片替代文字，图片链接为绝对地址。

方法 4：直接从剪切板中复制并粘贴到编辑器。

b）管理本地图片

- 复制图片到指定的文件夹

在默认情况下，插入的本地图片链接是原地址，图片可能分散在电脑的各处，不便于管理。为了便于管理，我们可以将插入的本地图片自动复制到指定的文件夹中。其操作步骤如下。

菜单栏→【格式】→【图像】→【当插入本地图片时】→【复制图片到文件夹...】，然后选择或新建一个文件夹用于存放插入的本地图片。

设置完成后，当我们再次插入本地图片时，图片就会被自动复制到之前选择的文件夹中了。

- 使用 iPic 上传到网络

此功能只适用于 macOS 系统，需先安装 iPic（在 App Store 中搜索 iPic 即可安装）。

iPic 是一个图床工具，可自动将本地图片上传到指定图床（支持微博、七牛云、又拍云、阿里云、腾讯云等图床），然后自动保存为 Markdown 格式的链接，非常方便。

免费版的 iPic 支持将图片匿名上传至微博图床，但这不利于隐私保护，不建议使用。若想使用其他图床，需要将 iPic 升级到高级版本，年费 68 元。

假设你已经安装了 iPic，若想把本地图片自动上传到图床，需要先在 Typora 中进行设置:【偏好设置】→【图像】→勾选【允许根据 YAML 设置自动上传图片】。然后在插入的本地图片上，单击鼠标右键，选择【上传图片】就可以通过 iPic 上传到指定的图床了。

c）全局设置

在默认情况下，插入图片时并没有什么特殊操作，但是我们可以在全局状态下，设置一些特殊的操作功能。具体是在【偏好设置】→【图像】→【插入图片】时进行设置的，此处可选的操作如下。

1）无特殊操作。

2）复制图片到当前文件夹（./）。

3）复制图片到 ./assets 文件夹。

4）复制图片到 ./$(filename).assets 文件夹。

5）复制到指定路径。

6）上传图片。

小提示：可以对本地图片和网络图片应用所选中的规则，只需勾选【对本地位置的图片应用上述规则】和【对网络位置的图片应用上述规则】即可。

d）设置图片大小

在 Typora 中，支持使用<img>标签插入图片，也支持其对图片大小进行设置（理论上也支持其他属性的设置，但 Typora 在预览和编辑时可能会忽略图片大小之外的属性，这可能会影响导出效果）。

使用<img>标签的格式如下。

```
<!--通过属性设置图片的宽和高-->
<img src="./imgs/小兔子.jpg" width="200px" height="200px" />
```

```
<!--通过样式设置图片的宽和高-->
<img src="./imgs/小兔子.jpg" style="width:200px;height:200px" />

<!--通过样式设置图片的缩放比例-->
<img src="./imgs/小兔子.jpg" style="zoom:50%" />
```

实例演示如下。

```
<img src="./imgs/小兔子.jpg" style="zoom:20%" />
<img src="./imgs/小兔子.jpg" style="zoom:40%" />
<img src="./imgs/小兔子.jpg" style="zoom:60%" />
```

效果如下图所示。

小提示：目前 Typora 已经提供了调整图片大小的功能，具体操作步骤为：用鼠标右键单击图片→【缩放图片】→【调整大小】→选择百分比。

3.3.3 显示模式

1. 3种视图模式

Typora 支持 3 种视图模式：大纲视图、文件树视图和文档列表视图，这让我们能够方便地在不同段落和文件之间进行切换。

1）大纲视图：方便查看全文的结构。

2）文件树视图：方便切换当前目录及子目录中的文档。

3）文档列表视图：方便切换当前目录中的文档。

这 3 种视图可以通过侧边栏的图标来相互切换，如下图所示。

2. 沉浸式写作体验

如果想拥有沉浸式写作体验，可以执行：菜单栏→【视图】，并依次勾选下面的选项。

1）打字机模式：光标始终位于屏幕的中间。

2）专注模式：只高亮显示光标所在行，其余内容全部变灰。

3）全屏：最大化文件窗口，排除其他软件的干扰。

相关快捷键如下。

操作	macOS 系统	Windows 系统
全屏	Command + Control + F	F11
打字机模式	F9	F9
专注模式	F8	F8

3.4 本章小结

本章主要介绍了目前最流行的 Markdown 编辑器——Typora，它支持所见即所得，支持 GFM 和一些常用的扩展语法，并且为几乎每一种语法都提供了快捷的操作方式。它支持导入和导出各种常见的文件格式，在文件操作、编辑和显示方面也极为出色。

Typora 基本上能够满足我们的日常写作需求，但它无法在手机端使用，也不支持云同步。如果你觉得这些非常重要，可以使用 Bear。Bear 支持在 Mac、iPhone 和 iPad 上使用 Markdown，也支持多端同步。

开源软件 Mark Text 有着跟 Typora 类似的用户体验，但功能相对简单一些，感兴趣的朋友可以了解一下。

第 4 章

遨游在“宇宙第一编辑器”——VS Code 之中

Visual Studio Code（简称 VS Code）是微软推出的一款开源的代码编辑器。它跨平台，同时支持 Windows、macOS 和 Linux 操作系统；它功能丰富，内置了 Git 版本控制系统，支持智能感知、自定义代码片段、格式化、命令面板等功能；最重要的是它有一个非常活跃的插件市场，上面有很多强大的插件供我们扩展 VS Code 的各项功能。

甚至有人说：“VS Code 是宇宙第一编辑器”。

借助 VS Code 自身的编辑功能和丰富的扩展插件，我们能够轻易打造出一个功能强大而又极具个性的 Markdown 编辑器。

VS Code 的下载地址是 https://code.visualstudio.com/，按照提示进行安装即可。

打开 VS Code，其操作界面如下图所示。

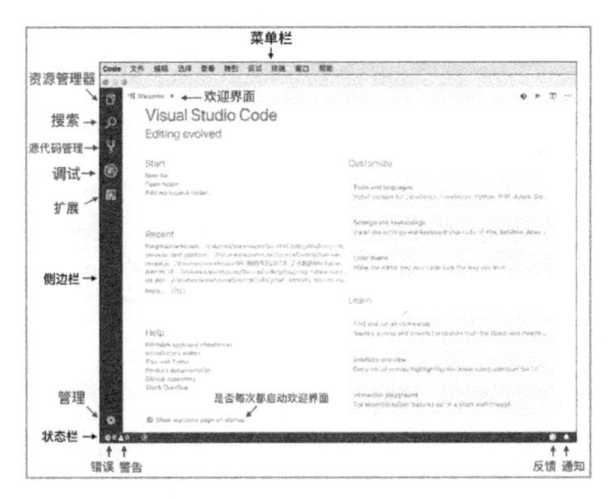

4.1　基础配置

在介绍 Markdown 相关的内容之前，我们要先对 VS Code 进行一些基础的配置，其实主要是安装几个必备的插件——中文插件、主题插件、快捷键插件，这会使接下来的写作体验更好。

4.1.1　中文插件

1. 安装中文插件

那么如何安装并使用这些插件呢？下面以中文插件为例进行说明。

STEP 1，使用快捷键 Command + Shift + X（macOS）或 Ctrl + Shift + X（Windows）进入插件市场。

STEP 2，在搜索框中输入[Chinese]。

STEP 3，在搜索结果中单击【Chinese（Simplified）Language Pack for Visual Studio Code】查看详情，会呈现如下图所示的界面。

STEP 4，在详情页单击【Install】安装插件。

STEP 5，重启生效。

2. 切换语言

在安装了多个语言包之后，如果想切换语言，应该怎么做呢？具体操作步骤如下。

STEP 1， 打开命令面板：菜单栏 →【查看】→【命令面板...】或使用快捷键：Shift + Command + A (macOS)/ Ctrl + Shift + A (Windows)。

STEP 2，在命令面板输入框中输入[Configure Display Language]，然后按回车键。

STEP 3, 在列出的已安装语言列表中进行切换，重启后生效。

界面语言搞定了，接下来的内容我们就要使用简体中文版的 VS Code 来进行介绍了。

4.1.2 主题插件

1. 选择主题插件

选择一款心仪的主题，就跟选择一张舒服的床或一把舒服的椅子一样重要，因为我们会有大量的时间跟它打交道。

推荐安装 One Dark Pro 主题插件，这是一款非常经典而且安装人数最多的主题，它不光配色漂亮，据说还护眼。

如果想查看有哪些流行的主题，可以在插件市场上搜索“theme”，然后通过排序依据（安装计数/评分/名称）进行查看，界面如下图所示。

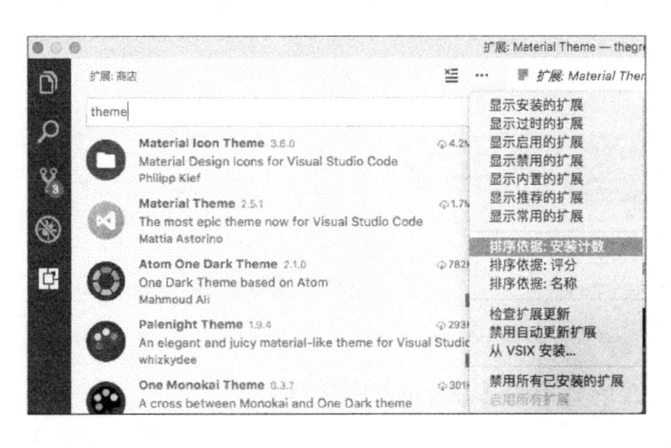

小提示：主题插件的安装步骤同中文插件一样，这里不再赘述。

2. 切换主题

切换主题的操作步骤如下。

单击左下角活动栏上的【管理】图标→【颜色主题】→在显示的已安装的主题列表中切换主题即可

小提示：推荐大家安装文件图标主题插件，这会让图标看起来更清晰漂亮。这里推荐 Material Icon Theme 或 vscode-icons 这两款图标主题插件，文件图标主题插件的安装、切换方式跟颜色主题插件差不多，这里不再赘述。

4.1.3　快捷键插件

如果你之前使用别的编辑器，如 Atom、Sublime，而且已经非常熟悉它们的快捷键，那么能否在 VS Code 中继续使用这些快捷键呢？

当然可以，安装相关的插件就可以了。

常用的快键键插件如下。

- IntelliJ IDEA Key Bindings for Visual Studio Code
- Sublime Text Keymap and Settings Importer
- Visual Studio Keymap
- Atom Keymap
- Vim
- Notepad++ keymap
- Eclipse Keymap

小提示：笔者使用的是【IntelliJ IDEA Key Bindings for Visual Studio Code】，IntelliJ IDEA 是 JetBrains 系列产品中的一员，它的快捷键也同样适用于 WebStorm、PyCharm 等 IDE（Integrated Development Environment，集成开发环境）。

4.1.4　禁用/启用插件

学会了如何安装插件，我们还得知道如何管理插件。

进入插件管理界面会看到：搜索框、【已启用】、【推荐】、【已禁用】。

默认已安装的插件处于启用状态。如果想卸载或禁用某个插件，可以在【已启用】列表中查找，然后在详情页中选择禁用或卸载插件。禁用的插件会在重启后停用，可在【已禁用】列表中查看和重新启用这些插件。

4.2 写作体验

准备工作做好了，接下来可以开始写作了。首先要新建文件，新建文件步骤如下。

1）新建一个空文件夹“vscode-md”，用 VS Code 打开，此时资源管理器中会显示：打开的编辑器、VSCODE-MD 和大纲。现在它们都是空的。

2）单击 VSCODE-MD 右边的新建文件图标，新建一个“README.md”文件，由于我们之前安装了图标主题插件，在该文件之前会显示一个文件图标。

3）在 README.md 中输入一些内容来查看整个界面的显示情况。

如下图所示。

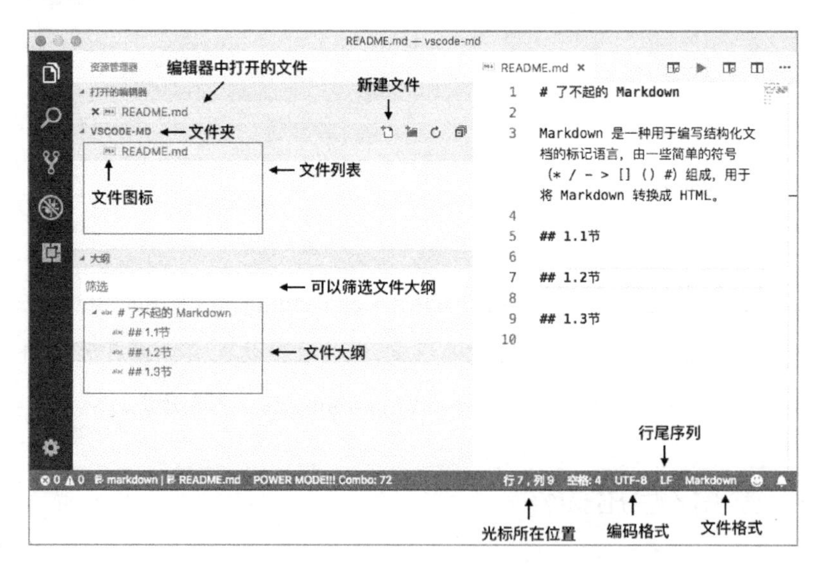

在【大纲】视图中可以很方便地对 Markdown 文件大纲进行查看、筛选、查找和切换。

然后，设置大纲列表，勾选以下选项。

1）跟随光标：在编辑 Markdown 文件时，大纲列表会跟随光标所在位置进行切换。

2）在输入时筛选：在大纲视图中直接输入内容时对大纲进行筛选，如果不勾选就只有查找功能（高亮显示查找结果，不会进行筛选）。

如下图所示。

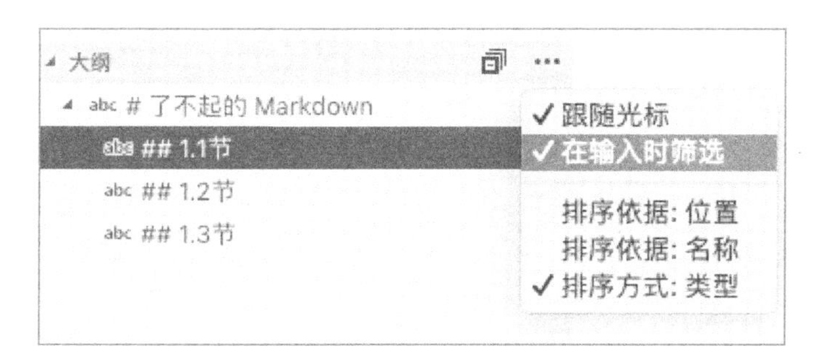

4.2.1　预览

若要预览 Markdown 文件，在资源管理器中的文件名上单击鼠标右键→选择【打开预览】→即可显示 Markdown 文件的预览界面，其快捷键如下。

macOS 系统	Windows 系统
Shift + Command + V	Ctrl + Shift + V

也可以在源码编辑界面单击右上角的【打开侧边预览】图标进入经典的 Markdown 编辑模式。如下图所示（左边为源码编辑界面，右边为预览界面）。

小提示：两边的滚动是同步的，双击预览界面可切换到源码界面。

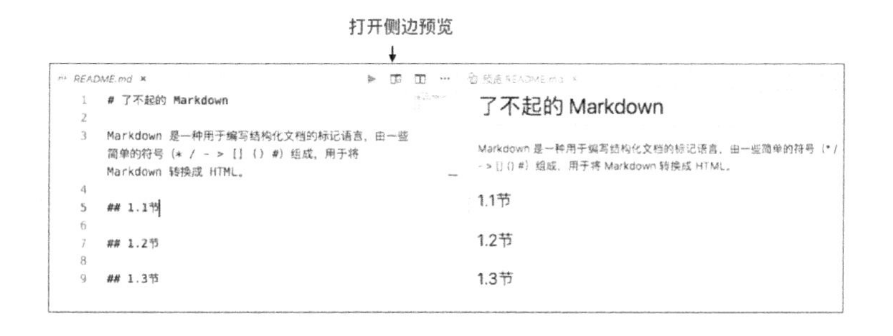

增强预览

默认的预览功能比较简单，很多语法都不支持，有些语法渲染的效果也不是很好，这时我们需要通过插件来增强预览功能。实例演示如下。

新建一个“个人简介.md”文件，把第 1 章个人简介的内容复制过来，先查看默认的预览效果。

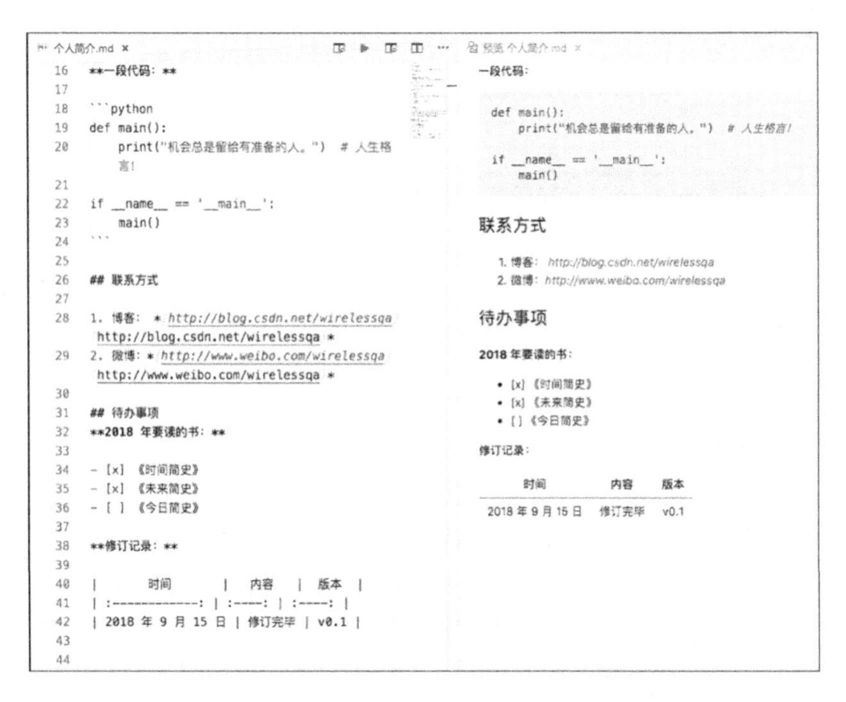

由上图可知，“2018 年要读的书:”下面的任务列表没有被正确解析，表格效果也不是很好，这时我们需要安装一个增强预览插件——Markdown Preview Enhanced。

安装完成后，在源码编辑界面，单击鼠标右键，在弹出的操作选项中单击【Markdown Preview Enhanced: Open Preview】，打开增强预览界面，然后你会看到任务列表和表格都变得更美观了。

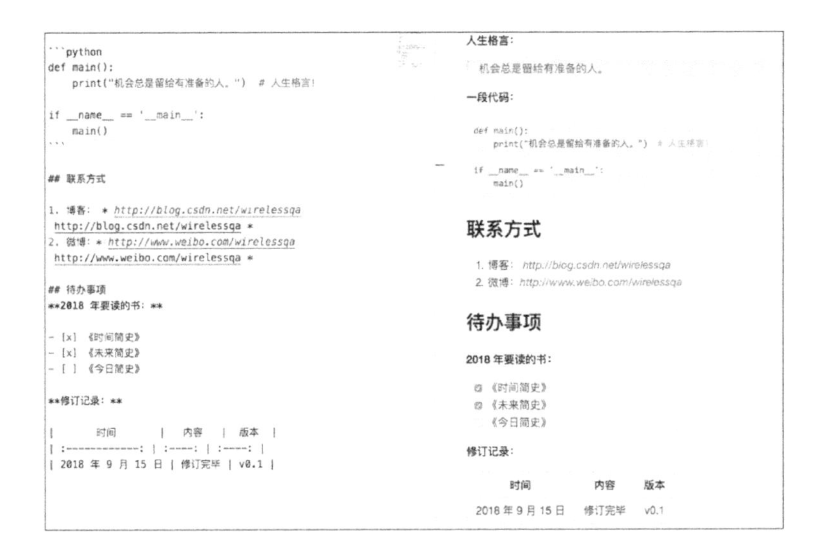

小提示：如果想显示文件的目录，可以在预览界面按 Esc 键。

4.2.2 超级 Markdown 插件 MPE

Markdown Preview Enhanced（以下简称 MPE ）是一款超级强大的 Markdown 插件，官方文档这样形容它——让你拥有飘逸的 Markdown 写作体验。

这么厉害的插件到底有什么功能呢？

可以这样说，Typora 支持的所有 Markdown 语法，包括 GFM、数学公式、图表、目录等，MPE 基本都支持。如果你已经很熟悉 Typora 的使用，那么使用 MPE 也会很轻松。除此之外，MPE 还支持引用文件和制作幻灯片，这两个功能绝对会让你眼前一亮。

接下来我们将对几个关键功能进行详细介绍。

1. 插入目录

插入目录有两种方法。

方法 1：直接在文件中输入[TOC]然后按回车键，这种方式比较通用，在 Typora 中也可以正常渲染。

方法 2：调出命令行面板，输入[TOC]，在联想出来的命令列表中单击[Markdown Preview Enhanced: Create TOC]，保存后可正常渲染目录。

小提示：在目录生成后，如果文中内容有更改，保存后，目录也会自动更新。

2. 引用文件

MPE 可以非常方便地引用外部文件，它支持引用 .md、.csv、.jpg、.png、.gif、.html、.pdf 等格式的文件。其引用格式如下。

```
@import "文件名"
```

或者也可以这样。

```
<!-- @import "文件名" -->
```

a）引用 Markdown 文件

例如，引用一个本地的 Markdown 文件。

```
@import "README.md"
```

效果如下图所示。

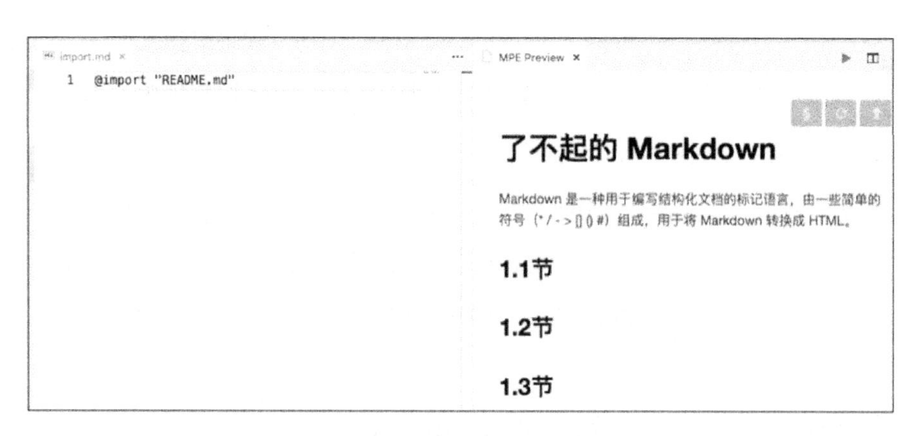

从上图中可以看出，README.md 文件的内容被直接引用了，这对我们拼接组合不同 Markdown 文件中的内容会非常有用。

也可以引用一个在线文件，示例如下。

```
@import "https://github.com/kennethreitz/responder/blob/master/README.md"
```

b）引用图片

MPE 可引用的图片格式包括：.jpg、.gif、.png、.apng、.svg、.bmp。

可以直接引用图片。

```
@import "小兔子.jpg"
```

在引用图片的同时还可以设置图片的大小。

```
@import "小兔子.jpg" {width="200px" height="150px" title="小兔子" alt="这是我的小兔子"}
```

c）引用 csv 文件

被引用的 csv 文件会被直接解析成表格，如下图所示。

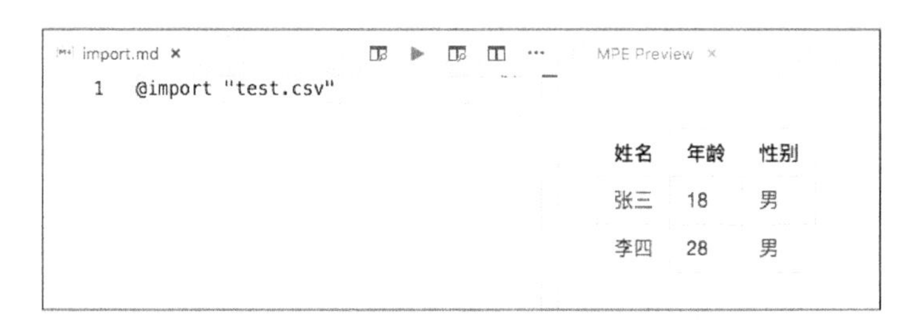

3. 幻灯片

MPE 使用 reveal.js 来渲染幻灯片，这比直接使用 reveal.js 来创建幻灯片更加简单便捷。

a）创建幻灯片

幻灯片通过 <!-- slide --> 来分页。例如，创建两页幻灯片。

```
<!-- slide -->

# 第 1 页

猜猜我是谁?

<!-- slide -->

# 第 2 页

![](小兔子.jpg)
哈，我是小兔子!
```

幻灯片会随着光标进行切换，如果你感觉在编辑器中查看不方便，也可以通过浏览器查看。具体方法是在预览界面单击鼠标右键，选择【Open in Browser】，就可以了。

小提示：不管是在编辑器中，还是在浏览器中，如果想要切换到幻灯片的预览界面，直接按 Esc 键就可以了。

b）切换幻灯片主题

幻灯片默认使用白色主题，如果想切换主题可以这样设置。

```
---
presentation:
  theme: solarized.css
---
```

把上面的代码放到 Markdown 文件的头部，效果会如下图所示。

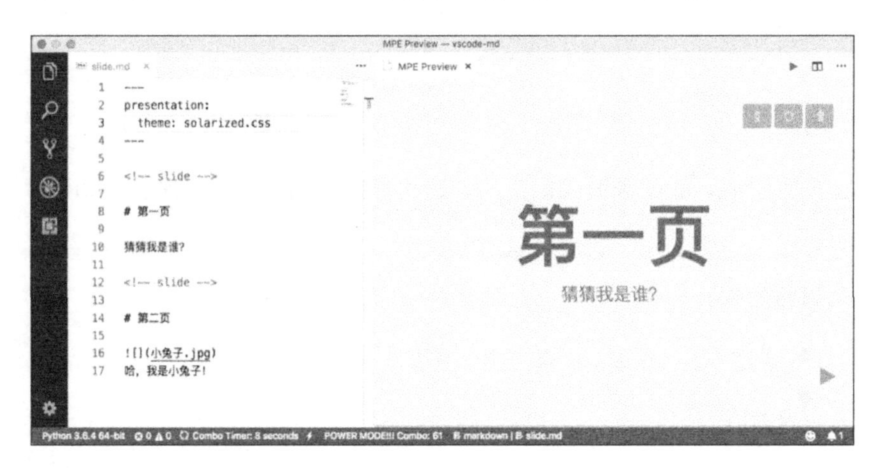

更多可选的主题如下。

- beige.css
- black.css
- blood.css
- league.css
- moon.css
- night.css

- serif.css
- simple.css
- sky.css
- solarized.css
- white.css
- none.css
- white.css（默认）

小提示：reveal.js 提供的配置选项都可以在 MPE 中非常方便地进行配置，想了解更多配置选项可参考官方文档。

4. 导出文件

a）导出 HTML 文件

在 MPE 中，把 Markdown 格式的文件导出为 HTML 文件非常简单，只需在预览界面上，单击鼠标右键，选择【HTML】→【HTML(offline)】即可，HTML 文件会被导出到与当前 Markdown 文件同级的目录中。

可是在默认情况下，当 Markdown 文件有改动时，HTML 文件并不会同步更新，如果想做到这一点，需要在 Markdown 文件头部加上如下代码。

```
---
export_on_save:
 html: true
---
```

此后，如果这个 Markdown 文件有改动，只要进行保存，就会自动导出最新的 HTML 文件。

b）导出 PDF 文件——（Puppeteer）

通过工具（Puppeteer）导出 PDF 文件，需要先安装 Puppeteer，在命令行执行如下命令。

```
npm install -g puppeteer
```

安装完成后，只需在预览界面上单击鼠标右键，选择【Chrome (Puppeteer)】→【PDF】即可，PDF 文件会被导出到当前目录中，而且会被自动打开。

小提示：导出 PNG 和 JPEG 格式的图片也是使用 Puppeteer，步骤同上。

c）导出 PDF 文件——（Prince）

使用 Prince 导出的 PDF 文件会自动生成目录，也支持自动导出功能。

如果你使用的是 macOS 系统，则安装命令如下。

```
brew install Caskroom/cask/prince
```

其他操作系统的安装方法请参考 https://www.princexml.com/doc-install/。

安装完成后，只需在预览界面上，单击鼠标右键，选择【PDF(prince)】即可，PDF 文件会被导出到当前目录中，而且会被自动打开。

如果我们想在修改 Markdown 文件之后，自动导出最新的 PDF 文件，只需在 Markdown 文件头部加上如下代码。

```
---
export_on_save:
  prince: true
---
```

此后，在每次修改完 Markdown 文件之后，只要进行保存，就会自动导出最新的 PDF 文件。

4.3 高效编辑

4.3.1 命令面板

VS Code 有一个命令面板，提供了几乎所有功能的快速访问路径，在命令面板中我们可以进行快速打开文件、运行命令、管理和安装扩展、运行任务、打开视图、行跳转、符号跳转等操作。

使用快捷键 Command + P（macOS）或 Ctrl + P（Windows）打开命令面板，如下图所示。

注意：现在输入框中是没有任何符号的，因此默认会列出最近打开过的文件，我们可以在这里快速打开之前打开过的文件。

在命令面板的输入框中输入［? ］可以查看命令面板的操作帮助，如下图所示。

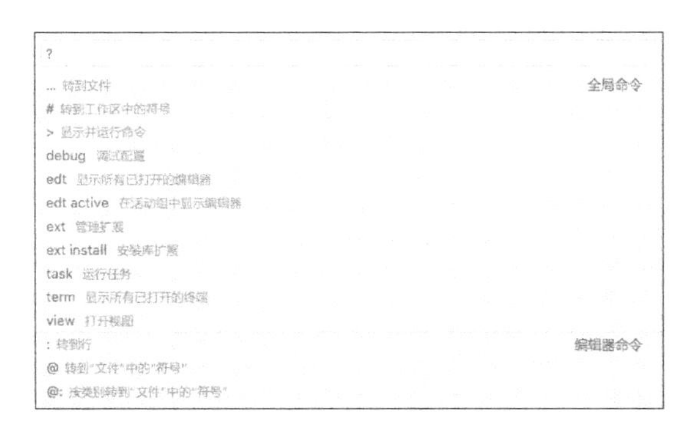

小提示：在上图中的输入框中输入不同的符号，能够切换到不同的操作面板，达到快速操作的目的。

1. 实例演示——运行命令

在输入框中输入[>]，会切换到运行命令界面，输入命令关键字会列出所有可运行的命令，单击即可运行。

如下图所示，输入[>Markdown]会列出所有与 Markdown 相关的操作命令。

```
>markdown
Markdown: 触发代码块                                    最近使用
Markdown: Toggle code span
Markdown: 打开预览                                      ⇧ ⌘ V
Markdown: Open Preview
Markdown: 刷新预览
Markdown: Refresh Preview
Markdown Preview Enhanced: Create TOC
Markdown Preview Enhanced: Insert New Slide
Markdown Preview Enhanced: Customize CSS                其他命令
Markdown Preview Enhanced: Extend Parser
Markdown Preview Enhanced: Image Helper
Markdown Preview Enhanced: Insert Page Break
Markdown Preview Enhanced: Insert Table
Markdown Preview Enhanced: Open MathJax Config
Markdown Preview Enhanced: Open Mermaid Config
```

运行命令应该是我们最常用的操作了，因此 VS Code 提供了快捷键以快速进入命令操作界面，具体如下所示。

macOS 系统	Windows 系统
Command + Shif t + A	Ctrl + Alt + A

2. 行跳转

在命令面板的输入框中输入[: + 行号]，并按回车键会行跳转到指定的行，被指定的行会高亮显示。

4.3.2 折叠内容

通常，编辑器都有一个非常好用的功能，那就是可以折叠内容结构，这使内容结构更清晰，也更容易阅读。令人惊喜的是，VS Code 竟然支持 Markdown 源码的折叠，当遇到代码块、嵌套列表（有序列表/无序列表/任务列表）时，在编辑器中就会显示折叠图标，单击该图标即可把内容折叠。最棒的是 VS Code 还支持标题的折叠。具体如下图所示。

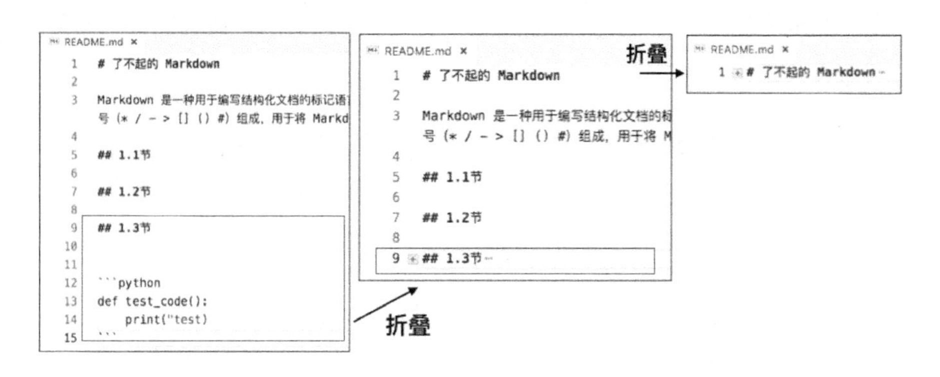

4.3.3 自动保存

很多人都有过忘记保存文件，导致辛苦了半天的工作付诸东流的惨痛经历。VS Code 提供了自动保存的功能，它有 3 种保存策略可供选择。

1）afterDelay：当文件修改超过一定的时间（默认是 1000ms）时自动保存。

2）onFocusChange：当编辑器失去焦点时自动保存更新后的文件。

3）onWindowChange：当窗口失去焦点时自动保存更新后的文件。

VS Code 默认使用的是第 1 种策略，执行：菜单栏→【文件】→【自动保存】，开启自动保存，此后，当文件修改超过 1000ms 时就会自动保存。

如果想修改延迟时间，可以单击活动栏下面的【管理】图标→【设置】→在搜索设置输入框中输入[自动保存]，搜索结果如下图所示。

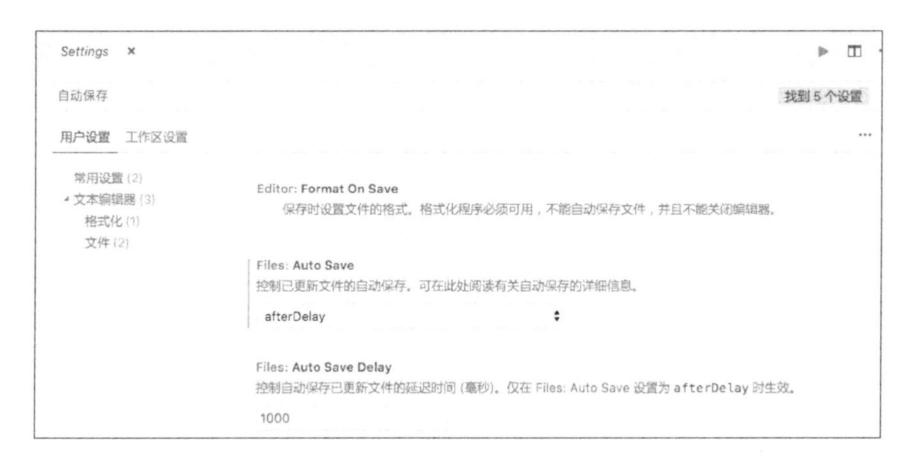

在【Files: Auto Save】中可以修改自动保存策略，在【Files：Auto Save Delay】中可以修改延迟保存时间。

4.3.4　智能感知

我们在前面提到过 VS Code 的智能感知功能，这绝对又是一个神技。通过智能感知可以进行自动补全，可以快速插入 Markdown 语法和自定义的代码片段。触发智能感知的快捷键如下。

macOS 系统	Windows 系统
Control + 空格键	Ctrl + 空格键

智能感知效果如下图所示。

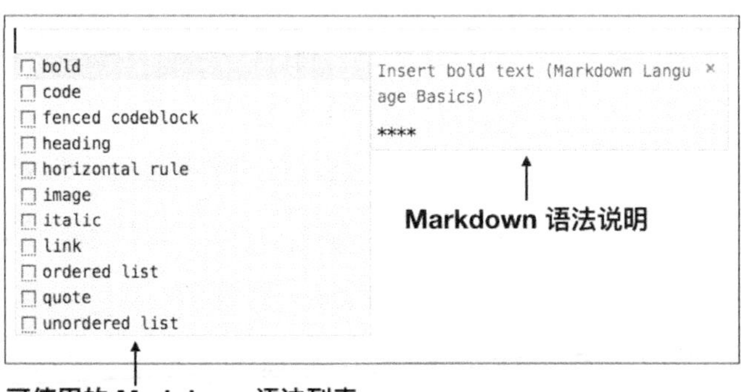

注意：在 Windows 系统下快捷键“Ctrl + 空格键”可能会跟输入法的快捷键相冲突，可通过修改快捷键解决。

操作步骤：【管理】→【键盘快捷方式】→在搜索框输入[Trigger Suggest]（触发建议）→修改快捷键。

VS Code 能够分析当前文件中已使用过的词语，在智能感知界面给出自动补全的提示，如下图所示。

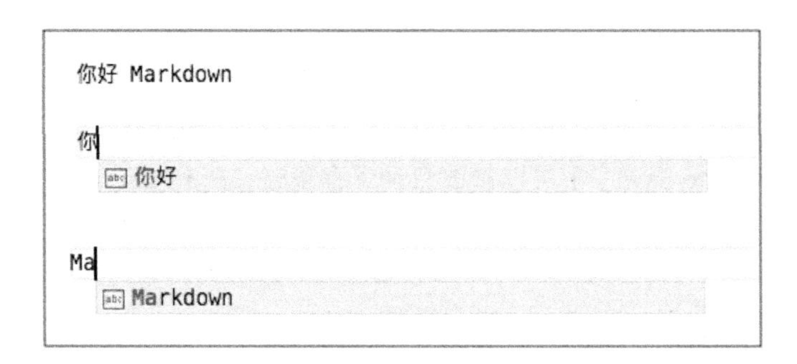

注意：关于快速插入代码片段的示例，我们后面再讲。如果想使用更多快捷键和自动补全的功能，需要安装一个扩展插件——Markdown All in One。

4.3.5 Markdown All in One

Markdown All in One（以下简称 MAO）提供了常用的 Markdown 快捷键和自动补全功能。其快捷键如下所示。

操作	macOS 系统	Windows 系统
加粗	Command + B	Ctrl + B
斜体	Command + I	Ctrl + I
删除线	Option + S	Alt + S
提升标题级别	Control + Shift +]	Ctrl + Shift +]
降低标题级别	Control + Shift + [	Ctrl + Shift + [
插入数学公式	Control + M	Ctrl + M
勾选/不勾选任务项	Option + C	Alt + C

1. 格式化表格

在第 2 章我们介绍过，表格的标记语法是有规范要求的，手动调整可能有点麻烦，而使用 MAO 则可以一键格式化表格，如下图所示。

```
|one|two|three|          格式化          | one | two | three |
|----|----|----|        ------->         | --- | --- | ----- |
|1|2|3|                                  | 1   | 2   | 3     |
```

注意：快捷键可能会因你绑定的键盘而有所不同，默认是 Alt + Shift + F（Windows 系统），我使用的是 IntelliJ IDEA 的快捷键 Option + Command + L（macOS 系统）。

2. 图片路径自动联想

当输入图片的 Markdown 标记时，MAO 会自动联想指定路径（默认是文件所在的路径）下的图片，而且在联想出来的图片列表中可以直接预览图片，如下图所示。

关于 MAO，这里只介绍了几个比较常用的操作，更多好用的操作，待你慢慢去发掘吧！

4.3.6 自定义代码片段

在 VS Code 中，可以自定义常用的代码片段，通过触发智能感知，实现一键插入。方法是打开自定义 Markdown 代码片段的文件，执行：【管理】→【用户代码片段】→在弹出的面板中选择【markdown.json】，如下图所示。

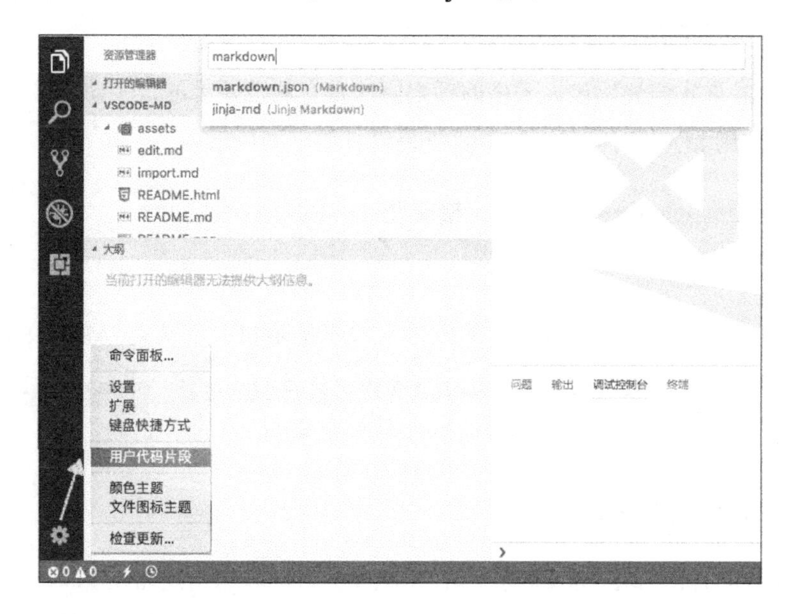

然后，就可以在 markdown.json 中定义自己的代码片段了，示例如下。

```
{
    "insert table":{
        "prefix": "table",
        "body":[
            "|one|two|three|",
            "|----|----|----|",
            "|1   |2   |3   |"
        ]
    },
```

```
    "insert task":{
        "prefix": "task",
        "body":[
            "- [ ] ",
        ]
    },
    "insert uncheck task":{
        "prefix": "uncheck task",
        "body":[
            "- [x] ",
        ]
    },
}
```

相关格式说明如下图所示。

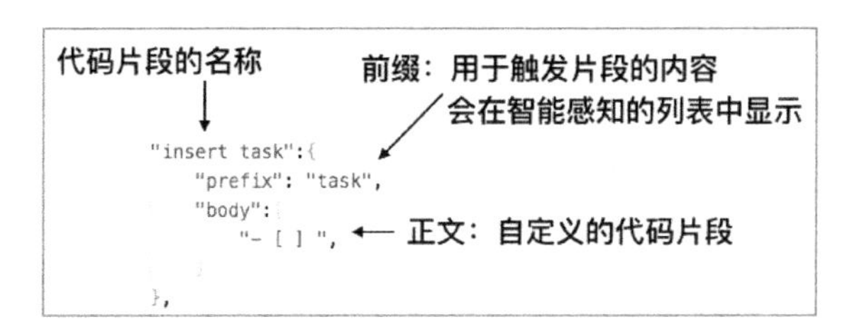

保存后，在 Markdown 编辑界面通过使用“Ctrl + 空格键”组合键调出智能提示，效果如下图所示。

table
task
uncheck task
bold
code
fenced codeblock
heading
horizontal rule
image
italic
link
ordered list
insert task (用户代码片段)
- [ ]

单击后就可以快速插入之前定义好的代码片段了。

再来看一个稍微复杂一点的例子，这是我常用的工作计划模板，定义成代码片段后，每次使用都可以一键插入，非常高效。

代码片段如下。

```
"insert todo list":{
    "prefix": "工作计划",
    "body":[
        "## 2018 年 11 月 01 日 星期四",
        "",
        "### 工作计划",
        "",
        "- [x] ${1: 任务描述}",
        "",
        "### 生活计划",
        "",
        "- [x] ${2: 任务描述}",
    ]
}
```

格式说明如下。

1）前缀支持中文，本例的前缀是“工作计划”。

2）每一行内容都使用逗号分隔。

3）这里用到了占位符，代码片段插入编辑器后，可通过 Tab 键在不同的占位符之间快速切换，以实现内容的替换。

在编辑器中插入上述代码片段，效果如下图所示。

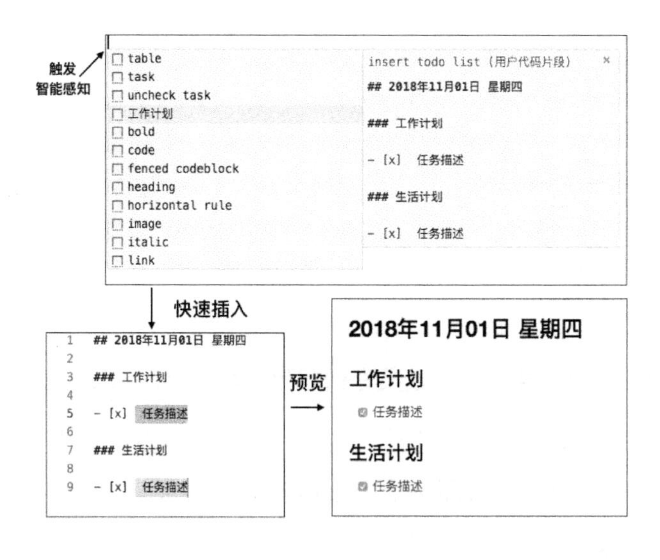

4.3.7 语法检查

在第 2 章我们介绍了一些 Markdown 的写作规范，markdownlint 就是用来检查这些规范的。

安装 markdownlint 以后，它会自动对 Markdown 文件进行检查，并在 VS Code 底部面板中列出检查出来的问题。问题标签上会显示检查出来的问题数量，列表中的问题会根据编辑器中已打开的文件名进行分类，单击具体问题会跳转到编辑器中对应的位置，在位置的上面会显示一个小灯泡图标，单击小灯泡会显示解决问题的提示，如下图所示。

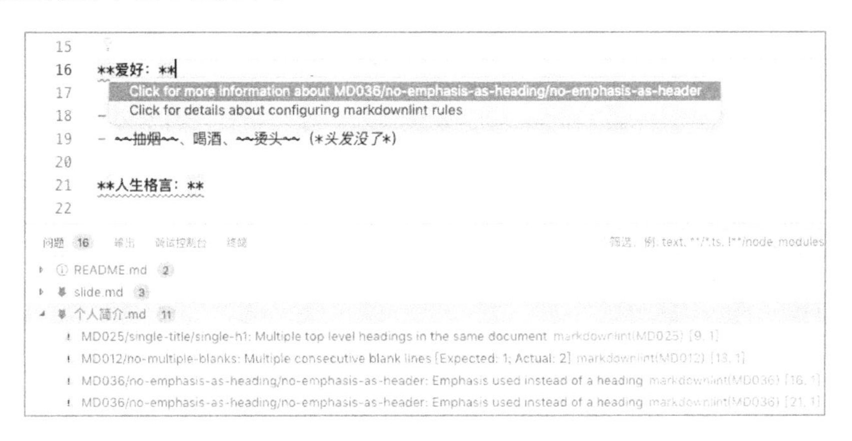

4.3.8 从剪切板直接粘贴图片

在 Markdown 文件中插入图片一直不太方便，通常需要经历“截图”→“保存”→“导入”这几个步骤，使用 Paste Image 这个插件能够直接从剪切板粘贴图片到 Markdown 文件中，也就是说，插入图片只需两步就可以了，即“截图”→“粘贴”。

那么，截图后，如何粘贴呢？

方法 1，调出命令行面板，输入[Paste Image]，按回车键后，截图就被插入到文件中了

方法 2，使用快捷键：Ctrl + Alt + V（Windows 系统）/ Command + Option + V

（macOS 系统）

粘贴的图片会被保存到当前编辑的文件所在的文件夹中，格式为 PNG，并以当前时间命名。

小提示：如果快捷键有冲突，我们可以自定义快捷键。操作步骤：【管理】→【键盘快捷方式】→输入[Past Image]→双击快捷键→输入新的快捷键组合→按回车键保存。

4.3.9 打字时的炫酷爆炸效果

使用 Power Mode 插件能在打字时显示炫酷的爆炸效果，这也是一款非常流行的插件。

需要注意的是，Power Mode 在安装后并不会直接开启，需要设置一下。开启 Power Mode 的方法：【管理】→【设置】→输入[Powermode]→勾选【Enable to active POWER MODE!!!】

4.3.10 拼写检查

Code Spell Checker 插件能够帮助我们检查常见的拼写错误，也是必备的插件之一。

4.3.11 禅模式

什么是禅模式？

禅是一种基于“静”的行为，是一种让我们专注于写作的模式。

如何进入禅模式呢？

准备工作：

泡一杯咖啡→带上降噪耳机→播放节奏轻快的音乐→深呼吸（个人习惯，仅供参考）。

切换模式：

打开 VS Code→【菜单栏】→【查看】→【外观】→【切换禅模式】。

或者通过命令面板切换，如下图所示。

4.3.12 版本管理

VS Code 内置了 Git 版本管理系统，但功能比较简单，在此推荐 3 个功能增强插件。

1）GitLens：增强了 VS Code 内置的 Git 功能。

2）Git History：增强了 Git 提交历史的功能。

3）gitignore：可以帮助我们使用.gitignore 文件。

由于 Git 相关的知识点较多，且比较专业，如果想深入了解，还是建议读者系统学习一下，了解 Git 相关的知识以后，关于这几个插件的使用也就不成问题了。

4.4 本章小结

本章我们主要介绍了如何使用 VS Code 打造一款属于自己的 Markdown 编辑器，你可以选择自己喜欢的主题，绑定自己熟悉的快捷键，定义自己常用的代码片段，最重要的是你已经学会了选择合适的插件来扩展和增强编辑器的功能。

不过，需要注意的是，一些插件的语法（如 MPE 引用文件和创建幻灯片）可能不通用，这会导致文档移植起来比较困难。所以如果你的文章需要适应多种不同的平台，建议使用更通用的 GFM 语法。

第 5 章 轻快、省力地写幻灯片——reveal.js

很多人一想到要写幻灯片就头疼，我经常听到身边有人说，为什么别人设计的幻灯片这么漂亮，而我的这么“low”，也经常看到一些人把大部分精力都用在了设计幻灯片上面，而忽略了本身要呈现的内容。

仔细想想，Markdown 不正是为了解决这类问题而产生的吗？有哪些工具可以帮助我们高效地写幻灯片呢？

本书在多处都介绍了把 Markdown 格式的文件导出为幻灯片的工具，例如，在第 4 章讲到的 MPE 插件，将在第 6 章讲的 Jupyter Notebook 和 R Markdown。

除此之外，还有很多工具支持直接使用 Markdown 写幻灯片，例如，比较简单的 Marp、在命令行中写作的 mdp，以及漂亮的 Deckset（收费）。也有一些强大的写幻灯片的开源工具，如 nodeppt、shower、remark、impress.js 和 reveal.js，其中比较流行的是 reveal.js。

本章就向大家介绍如何使用 reveal.js 高效地写幻灯片。

5.1 你好，reveal.js

reveal.js 是一个使用 HTML 和 Markdown 快速创建和演示幻灯片的工具，它提供了很多实用的功能，也提供了很多第三方插件来增强效果。

reveal.js 的主要功能如下。

1）可创建水平和垂直幻灯片，支持幻灯片链接，可在幻灯片之间跳转。

2）可使用 Markdown 和 HTML 编写内容，也支持引用独立的 Markdown 文件。

3）可使用颜色、图片、视频、网页做为背景。

4）可添加演讲者注释，支持一键打开。

5）可配置幻灯片的主题和过渡动画，有多种方案可供选择。

6）可在手机或平板电脑上打开和演示幻灯片。

7）可打印和导出 PDF 格式的文档。

8）可以安装很多实用的插件来增强幻灯片的功能和演示效果。

9）自由度大，可灵活定制（如果你熟悉前端开发知识的话）。

10）支持很多快捷键的使用，操作非常方便。

考虑到普适性，本章会尽量使用 Markdown 来进行演示，不过由于 Markdown 本身语法的局限性，有时想实现更多的效果就不得不用 HTML，因此希望大家不要排斥 HTML，我也会尽量写得通俗易懂，让大家“开箱即用”。

5.2 快速开始

STEP 1，搭建 reveal.js 使用环境。

使用 reveal.js 必须先安装 Node.js 和 Git，请参考附录。

STEP 2，下载 reveal.js。

方法 1：使用浏览器下载。

打开 https://github.com/hakimel/reveal.js→【Clone or download】→【Download ZIP】→解压。

方法 2：使用 Git 命令下载。

```
git clone https://github.com/hakimel/reveal.js.git。
```

STEP 3，查看示例。

打开 reveal.js 文件夹，在根目录中找到 index.html，然后使用 VS Code 打开。

```
<div class="reveal">
    <div class="slides">
        <!-- 每一页幻灯片都使用<section>标签包裹 -->
        <section>Slide 1</section>  <!-- 第 1 页 -->
        <section>Slide 2</section>  <!-- 第 2 页 -->
    </div>
</div>
```

从这段代码可以看出，在 HTML 中，幻灯片标记的层次结构是.reveal >.slides > section。关于 section，我们可以理解为分页标签，每一张幻灯片都是使用<section>标签包裹的。

双击 index.html 在浏览器中打开幻灯片的效果如下图所示。

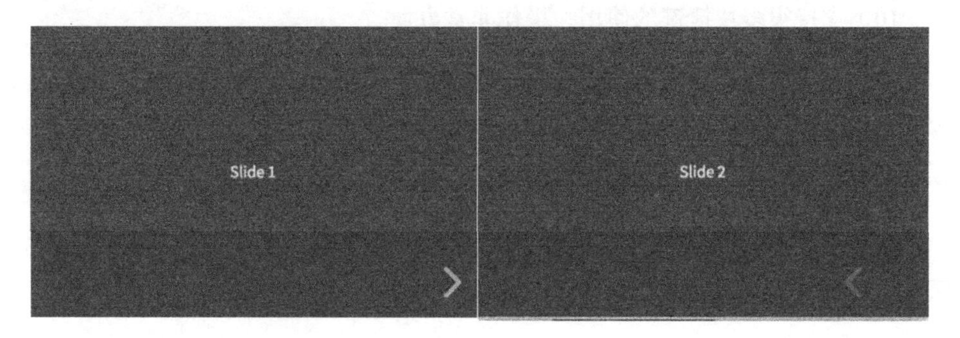

STEP 4，创建我们的第一个幻灯片。

复制 index.html 并重命名为 first.html，使用 VS Code 打开，修改核心代码，具体如下。

```
    <div class="reveal">
        <div class="slides">
            <!-- 第 1 页 -->
            <section>如何使用 reveal.js 创建和演示幻灯片</section>
            <!-- 第 2 页 -->
            <section>第 1 步：下载 reveal.js 项目构建创作环境</section>
            <!-- 第 3 页 -->
            <section>第 2 步：熟悉语法规则后再进行内容创作</section>
```

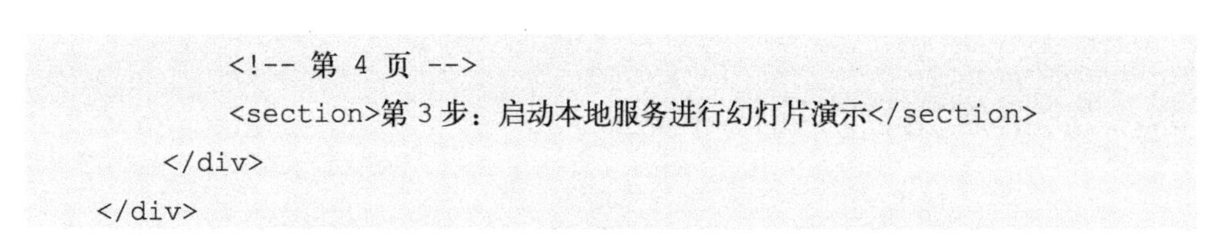

```
        <!-- 第 4 页 -->
        <section>第 3 步：启动本地服务进行幻灯片演示</section>
    </div>
</div>
```

保存后双击 first.html 在浏览器中打开幻灯片，效果如下图所示。

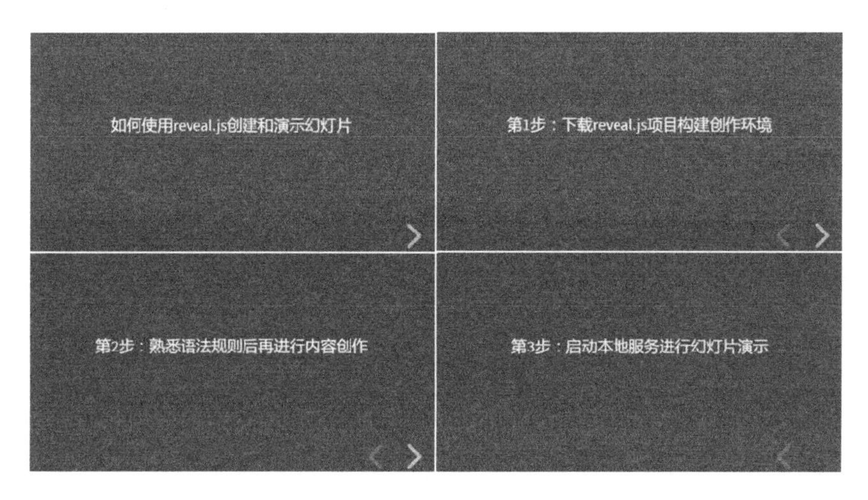

至此，第一个简单的幻灯片就创建好了。

当然，这个幻灯片是比较简单的，因为我们还没有学习在 reveal.js 中创建幻灯片的语法和规则，待熟悉 reveal.js 的语法规则后，就可以随心所欲地创作幻灯片了。

5.3　使用指南

前面搭建的是最基本的环境配置，进行一些基础操作是没有问题的，但有些功能需要从本地 Web 服务器运行，如演讲者备注、引用外部 Markdown 文件、修改后自动刷新等，如果还是使用前面的环境就行不通了。为了能够进行完整的演示，还要对项目环境进行完整的配置。

5.3.1 搭建完整的项目环境

STEP 1，在终端处切换到项目根目录下。

使用 VS Code 打开 reveal.js 项目，在左边项目列表的空白处，单击鼠标右键，在弹出的菜单中选择【在终端中打开】，终端会切换到项目根目录下。

STEP 2，安装 reveal.js 项目中依赖的模块，在终端处运行如下命令。

```
npm install
```

如果安装模块失败，请使用 cnpm install 来安装。

STEP 3，运行如下命令，启动 Web 服务。

```
npm start
```

如果启动正常，则终端处会输出如下内容。

```
> reveal.js@3.7.0 start 你本地的项目路径/reveal.js
> grunt serve

(node:79768) ExperimentalWarning: The http2 module is an experimental
API.
Running "connect:server" (connect) task
Started connect web server on http://localhost:8000

Running "watch" task
Waiting...
```

然后浏览器会自动打开 http://localhost:8000，默认打开的是 index.html 页面。如果想打开 first.html，则需要手动输入 http://localhost:8000/first.html。

注意：如果启动 Web 服务时报错，请确认是否已成功安装了项目所依赖的模块。如果端口被占用，可以在运行时指定端口，命令如下。

```
npm start -- --port=7000
```

可能你也注意到了，Web 服务启动成功之后又运行了一个 watch 任务，这个 watch 任务会监控项目中的文件；如果有文件被修改，在保存之后服务会自动重启，页面也会自动刷新，这样我们就能看到页面最新修改后的效果了。

至此，完整的 reveal.js 创作环境就搭建好了，接下来就专心进行内容创作吧。

5.3.2　快速了解 reveal.js

本节将介绍一些使用 reveal.js 写幻灯片的最基础的知识，让大家先形成一个直观的印象，后文中会有更多详细的内容和使用案例。

1. 创建并编写幻灯片

在 reveal.js 项目中创建 HTML 文件，然后在 HTML 文件中编写幻灯片。HTML 文件的基本结构如下所示。

```
<!doctype html>
<html>

<head>
    <link rel="stylesheet" href="css/reveal.css">
    <!-- 在这里修改幻灯片的主题 -->
    <link rel="stylesheet" href="css/theme/black.css">
</head>

<body>
    <div class="reveal">
        <div class="slides">
            <!-- 在<section>标签中编写幻灯片的内容 -->
            <section>第 1 页</section>
            <section>第 2 页</section>
        </div>
    </div>

    <script src="js/reveal.js"></script>
    <script>
        // 在这里修改幻灯片的配置
        Reveal.initialize({});
    </script>
</body>
```

```
</html>
```

如上述代码中的注释所描述的那样，各部分的用途如下。

1）在<head>中设置幻灯片的主题。

2）在<section>中编写幻灯片的内容。

3）在 Reveal.initialize({});中添加 reveal.js 的依赖和配置。

2. 演示幻灯片

简单的幻灯片可以通过使用鼠标双击 HTML 文件在浏览器中打开进行演示。但如果涉及演讲者备注或引用外部的 Markdown 文件，则需要使用 Web 服务器运行。本地运行命令为 npm start，如果想要部署到服务器上则需要使用 Nginx。

3. 幻灯片的类型

reveal.js 中的幻灯片分为两种类型：水平幻灯片和垂直幻灯片。顾名思义，水平幻灯片是左右翻页的幻灯片，垂直幻灯片则是上下翻页的幻灯片；垂直幻灯片通常嵌套在水平幻灯片中使用。

示例代码如下。

```
<!-- 最外层是水平幻灯片 -->
<section>
    <!-- 嵌套的垂直幻灯片 1 -->
    <section data-markdown>
        <textarea data-template>
            ## 我是第 1 页
        </textarea>
    </section>
    <!-- 嵌套的垂直幻灯片 2 -->
    <section data-markdown>
        <textarea data-template>
            ## 我是第 2 页
        </textarea>
    </section>
```

```
</section>
```

4. 使用Markdown编写幻灯片

reveal.js 使用 Markdown 编写幻灯片有两种方式。

1）在 HTML 文件中直接使用 Markdown 编写。

2）在 HTML 文件中引用外部的 Markdown 文件。

如果在 HTML 文件中直接使用 Markdown 编写，则需要给<section>标签添加 data-markdown 属性，并且内容要使用<textareadata-template>包裹，示例代码如下。

```
<section data-markdown>
   <textarea data-template>
      ## 居中对齐

      序号|姓名|年龄
      :----:|:-----:|:-----:|
      1|毕小烦|31
      2|李小四|30
      3|张小五|29
   </textarea>
</section>
```

如果在 HTML 文件中引用外部的 Markdown 文件，则需要指定分页的匹配规则，示例代码如下。

```
<!-- 引用外部的 Markdown 文件 -->
<section data-markdown="外部文件.md"
      data-separator="^\n\n\n"
      data-separator-vertical="^\n\n"
      data-separator-notes="^Note:"
      data-charset="utf-8">
</section>
```

5. 添加reveal.js的依赖和配置

在 Reveal.initialize({});中进行对 reveal.js 的配置，如开启历史记录、显示页面、设置全局转场效果等，示例代码如下。

```
<script>
    Reveal.initialize({
        history: true,                    // 开启历史记录
        slideNumber:true,                 // 显示页码
        transition: 'convex',             // 转场效果
         // 配置依赖的库
        dependencies: [{
                    src: 'plugin/markdown/marked.js'
                },
                {
                    src: 'plugin/markdown/markdown.js'
                },
                {
                    src: 'plugin/notes/notes.js',
                    async: true
                },
                {
                    src: 'plugin/highlight/highlight.js',
                    async: true,
                    callback: function () {
                        hljs.initHighlightingOnLoad();
                    }
                },
                { src: 'plugin/zoom-js/zoom.js', async: true },
            ]
        });
</script>
```

reveal.js 不依赖任何第三方脚本，但有一些可选的库供用户自由选择，这些库按依赖顺序进行加载，如上述代码所示。

关于配置依赖的库的语法解读如下。

1）src：指定要加载的脚本的路径。

2）async：[可选]，如果脚本要在 reveal.js 启动后加载，则设为 true，默认为 false。

3）callback：[可选]，指定脚本加载后要执行的函数。

6. 示例：编写幻灯片的封面

为了能够更直观地展示 reveal.js 幻灯片的编写规则，我们分别使用 HTML 和 Markdown 实现效果相同的幻灯片。

- 为幻灯片写封面（HTML 版）。

1）复制 index.html，并重命名为 revealjs.html，用 VS Code 打开。

2）先不管代码的其他部分（后面都会讲到），先找到<div class="slides">，在<section></section>中添加幻灯片的内容，具体如下。

```
<div class="reveal">
    <div class="slides">
        <!-- HTML 实现效果 -->
        <section>
            <h1>大道至简</h1>
            <h3>使用 reveal.js 快速创建精美的幻灯片</h3>
            <p>
            作者：<a href="https://www.weibo.com/wirelessqa">毕小烦</a>
            </p>
        </section>
    </div>
</div>
```

注意代码的层级结构，使用<section>标签包裹的是一张幻灯片的内容。保存后，在浏览器中渲染的效果如下图所示。

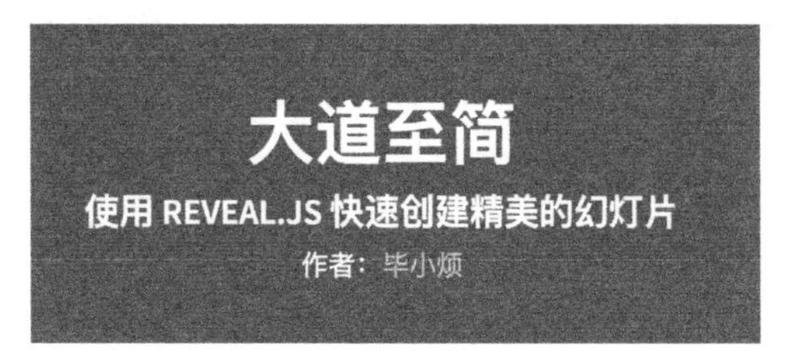

小提示： 为了让大家更容易理解后面的内容，在这里先明确几个 HTML 中的概念。

1）元素：元素指的是从开始标签到结束标签中间的所有代码。

2）标签：标签是由<>包裹的关键词，通常是成对出现的，如<section>和</section>。

3）属性：标签中的属性提供了 HTML 元素的更多信息，通常在元素的开始标签中以键/值对的形式出现，如<section data-state="customevent">，通过图片来看会更清晰。

- 为幻灯片写个封面（Markdown 版）。

示例代码如下。

```
<!-- Markdown 实现效果-->
<section data-markdown>
    <textarea data-template>
        # 大道至简
        ### 使用 reveal.js 快速创建精美的幻灯片
        作者：[毕小烦](https://www.weibo.com/wirelessqa)
    </textarea>
</section>
```

注意：使用 Markdown 时需要在<section>标签中添加 data-markdown 属性，Markdown 的内容要包裹在<textarea data-template>之中。

小提示：reveal.js 通过 marked.js 解析 Markdown，在使用 Markdown 之前请确保添加了下面的依赖。

```
Reveal.initialize({
 dependencies: [{
    src: 'plugin/markdown/marked.js'
 },
 {
    src: 'plugin/markdown/markdown.js'
 },
```

```
 ]
});
```

上面分别使用 HTML 和 Markdown 编写了效果相同的幻灯片，能够明显感受到 Markdown 更为简洁。需要注意的是，在使用 Markdown 时，要给<section>标签添加 data-markdown 属性，并且 Markdown 内容要使用<textarea data-template>进行包裹。另外，我们还了解了 HTML 中元素、标签和属性的概念，这对后面的学习会有很大帮助。

5.3.3 常用格式

reveal.js 使用 marked.js 来解析 Markdown，并支持 CommonMark 和 GitHub Flavored Markdown。不过，有些效果还是需要使用 HTML 或引入其他资源来实现的，如任务列表、视频、字体颜色、下画线和 Emoji 等。下面我们就介绍一些常用格式在 reveal.js 中的使用方法和渲染效果。

1. 标题

标题、普通文本和更小的文本的示例代码如下。

```
<!-- 标题 (Markdown) -->
<section data-markdown>
    <textarea data-template>
        # 一级标题
        ## 二级标题
        ### 三级标题
        #### 四级标题
        普通文本

        <small>更小的文本</small>
    </textarea>
</section>
```

效果如下图所示。

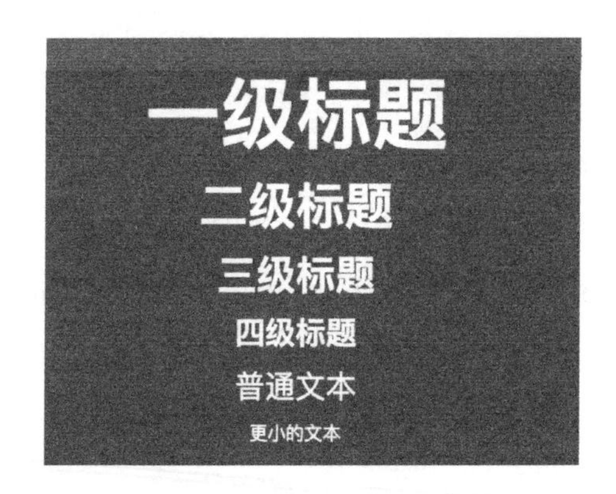

小提示

1）本示例只演示了一到四级标题，因为四、五、六级标题区别不大，这里就不演示五、六级标题了。

2）由于 Markdown 不支持小号字体的标记，因此小号字体（更小的文本）使用<small>标签来实现。

3）我们经常会在 Markdown 中使用 HTML 标签以实现更丰富的显示效果，如改变字体颜色、设置图片显示大小和位置等。

2. 引用

行内引用和区块引用的示例代码如下。

```
<!-- 引用 (Markdown) -->
<section data-markdown>
   <textarea data-template>
   毕小烦说：<q>Markdown 真好用。</q>

   > 区块引用使用 > 标记
   > > 引用还可以嵌套
   </textarea>
</section>
```

效果如下图所示。

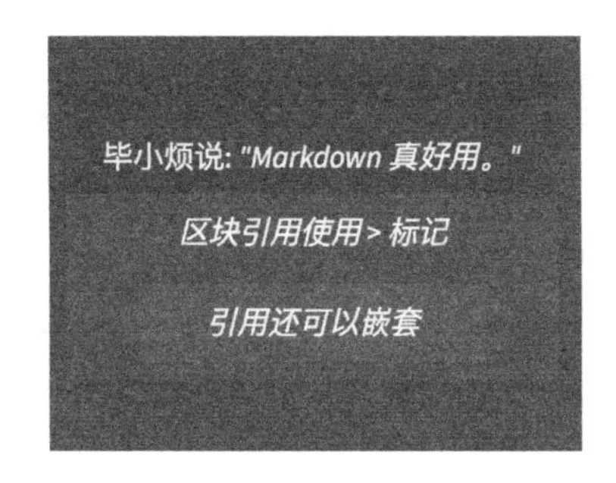

由于 Markdown 不支持行内引用标记，因此行内引用使用<q>标签实现。

3. 表格

插入表格的示例代码如下。

```
<!-- 表格 (Markdown) -->
<section data-markdown>
   <textarea data-template>
   序号|姓名|年龄
   ----|-----|-----|
   1|毕小烦|31
   2|李小四|30
   3|张小五|29
   </textarea>
</section>

<!-- 表格居中对齐 (Markdown) -->
<section data-markdown>
   <textarea data-template>
   序号|姓名|年龄
   :----:|:-----:|:-----:|
   1|毕小烦|31
   2|李小四|30
   3|张小五|29
   </textarea>
</section>
```

表格居中对齐的效果如下图所示。

居中对齐

序号	姓名	年龄
1	毕小烦	31
2	李小四	30
3	张小五	29

4. 列表

列表的示例代码如下。

```
<!-- 无序列表（Markdown）-->
<section data-markdown>
    <textarea data-template>
    待办事项：
    - 跑步
    - 喝酒
    - 睡觉
    </textarea>
</section>

<!-- 有序列表（Markdown）-->
<section data-markdown>
        <textarea data-template>
        把大象装冰箱的操作步骤：
        2. 把冰箱门打开
        2. 把大象装进去
        2. 把冰箱门关上
        </textarea>
</section>

<!-- 任务列表（Markdown）-->
<section data-markdown>
    <textarea data-template>
        ## 任务列表
        <input type="checkbox"  style="zoom:200%;" checked/>跑步
        <input type="checkbox"  style="zoom:200%;" />喝酒
```

```
        <input type="checkbox"  style="zoom:200%;" />睡觉
    </textarea>
</section>
```

注意：由于 reveal.js 中的 Markdown 不支持任务列表，因此任务列表需要使用 HTML 来实现，在本例中设置了复选框的大小。

5. 代码

插入代码的示例如下图所示。

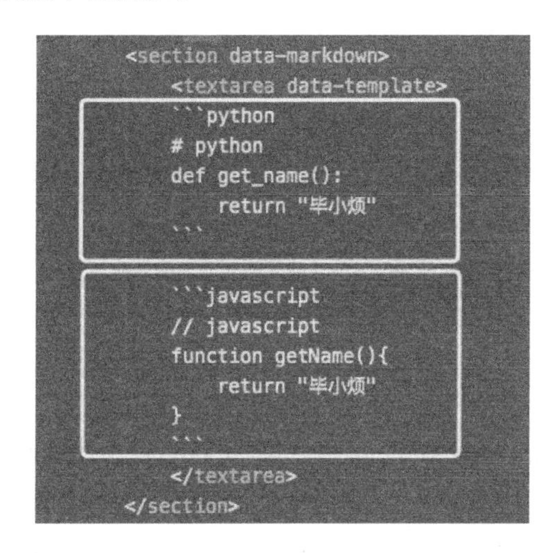

请注意，插入的代码中如果有特殊符号 < 和 >，需要使用 < 和 > 来代替，如下图所示，否则它们会被浏览器误认为标签。

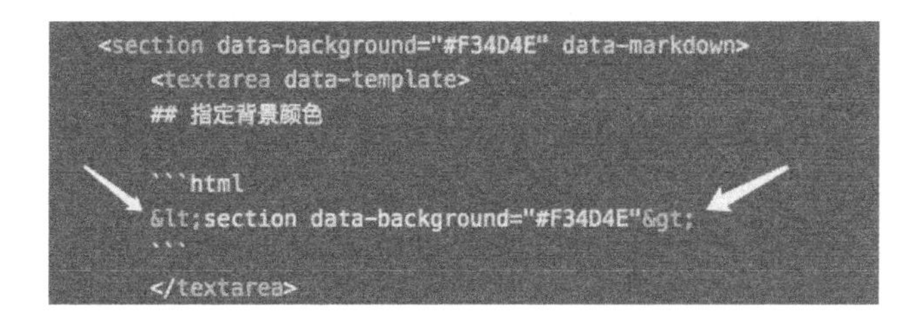

6. 文本格式

常用的文本格式的示例代码如下。

```
<!-- 文本格式 (Markdown) -->
<section data-markdown>
    <textarea data-template>
```

```
        使用 Markdown 实现**加粗**、*斜体*、~~删除线~~、<u>下画线</u>也很简单。

        还可以<font color="#fa0">改变颜色</font>
    </textarea>
</section>
```

效果如下图所示。

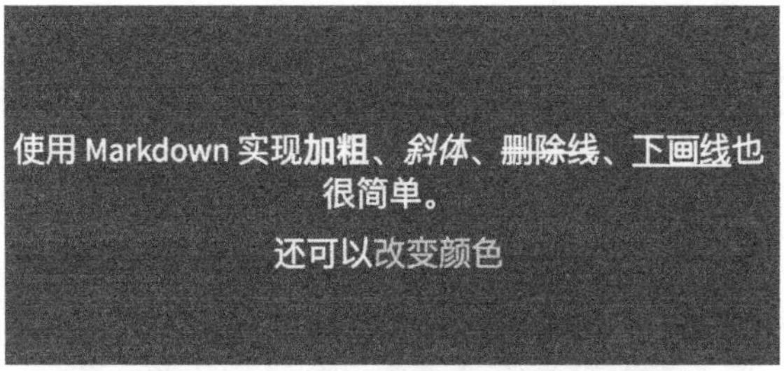

使用 Markdown 实现加粗、斜体、删除线、下画线也很简单。

还可以改变颜色

如上述代码所示，Markdown 中的下画线需要通过<u>标签来实现，改变文字的颜色需要使用<font>标签和 color 属性来实现。

7. Emoji

在 reveal.js 中无法直接使用 Emoji，如果想使用，则需要在 head 中引用一个 CSS 文件，如下所示。

```
<link href="https://afeld.github.io/emoji-css/emoji.css" rel="stylesheet">
```

然后在 Markdown 中这样使用。

```
<!-- Emoji (Markdown) -->
<section data-markdown>
    <textarea data-template>
        ## Emoji
        <i class="em em-construction_worker"></i>
        <i class="em em-dog"></i>
        <i class="em em-dancers"></i>
    </textarea>
</section>
```

效果如下图所示。

Emoji 的选择很简单，打开 https://afeld.github.io/emoji-css/，复制所中意的图片的代码，然后粘贴一下就可以了，如下图所示。

8. 图片

插入图片的示例代码如下。

```
<!-- 图片 (Markdown) -->
<section data-markdown>
    <textarea data-template>
        ![卓别林](imgs/zhuobielin.jpg)
    </textarea>
</section>
```

在 Markdown 中，没有设置图片大小的标记，如果想设置图片的大小，需要使用 HTML 标签来实现，示例代码如下。

```
<!-- 在 Markdown 中也可以使用 HTML 标签设置图片大小 -->
<section data-markdown>
    <textarea data-template>
```

```
        ## 设置图片大小
        <img  width="200"  height="250"  data-src="imgs/zhuobielin.jpg"
alt="卓别林">
    </textarea>
</section>
```

9. 视频和音频

插入视频和音频的示例代码如下。

```
<!-- 视频 (Markdown) -->
<section data-markdown>
   <textarea data-template>
      ## 视频
      <video width="400" height="350" controls="controls" >
            <source src="./imgs/video.mov" type="video/mp4">
      </video>
   </textarea>
</section>

<!-- 音频 (Markdown) -->
<section data-markdown>
      <textarea data-template>
         ## 音频
         <audio src="音频地址" controls="controls"></audio>
      </textarea>
</section>
```

插入视频通过<video>标签来实现，使用 width 和 height 属性可设置视频的大小。插入音频通过<audio>标签来实现，使用 controls 属性可以显示播放控件。

5.3.4 幻灯片的嵌套、链接和注释

1. 幻灯片嵌套

reveal.js 中的幻灯片有水平幻灯片和垂直幻灯片两种，垂直幻灯片通常嵌套在水平幻灯片中使用。那么，如何嵌套幻灯片呢？

幻灯片最外层是水平幻灯片，使用<section>标签包裹，嵌套的每一张垂直幻灯片也要使用<section>标签包裹，示例代码如下。

```
<!-- 最外层是水平幻灯片 -->
<section>
    <!-- 嵌套的垂直幻灯片 1 -->
    <section data-markdown>
        <textarea data-template>
            ## 垂直幻灯片 1
            按 <font color="#fa0">↓</font> 翻到下一页垂直幻灯片
        </textarea>
    </section>
    <!-- 嵌套的垂直幻灯片 2 -->
    <section data-markdown>
        <textarea data-template>
            ## 垂直幻灯片 2
            按 <font color="#fa0">↑</font> 翻到上一页垂直幻灯片
        </textarea>
    </section>
</section>
```

效果如下图所示。

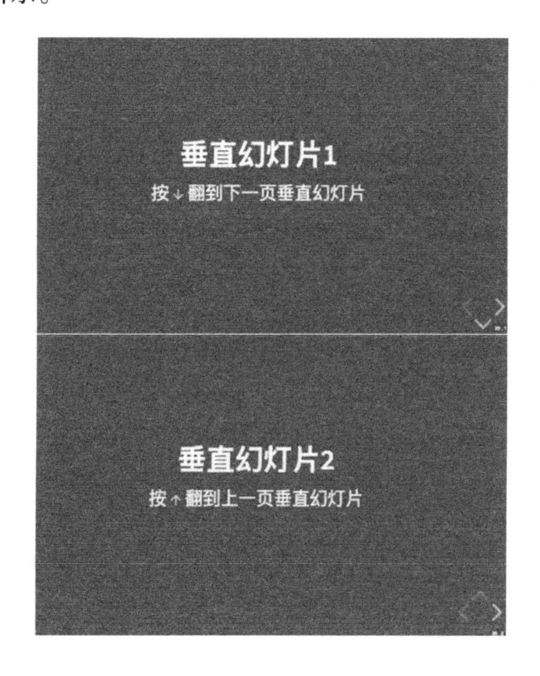

如果你开启了页码显示功能，幻灯片的右下角会显示页码，假如当前水平幻灯片是第 5 页，那垂直幻灯片就会显示 5.1、5.2、5.3。

如果你开启了历史记录功能，那么浏览器地址窗口也会这样显示。

```
http://127.0.0.1:8000/demo.html#/5/1
http://127.0.0.1:8000/demo.html#/5/2
http://127.0.0.1:8000/demo.html#/5/3
```

2. 链接幻灯片

当我们进行幻灯片演示时，如果想要回到之前讲过的某一页或提前查看后面的某一页，就需要用到幻灯片链接功能了。

本质上，使用 reveal.js 编写的幻灯片就是一个网页，因此想要在幻灯片之间跳转，只需要添加链接就可以了。

```
<section data-markdown>
   <textarea data-template>
      去[第 3 页](#/3)

      去[第 2 页第 2 节](#/2/2)


      新打开一个页面再跳转到<a href="#/3" target="_blank">第 3 页</a>
   </textarea>
</section>
```

效果如下图所示。

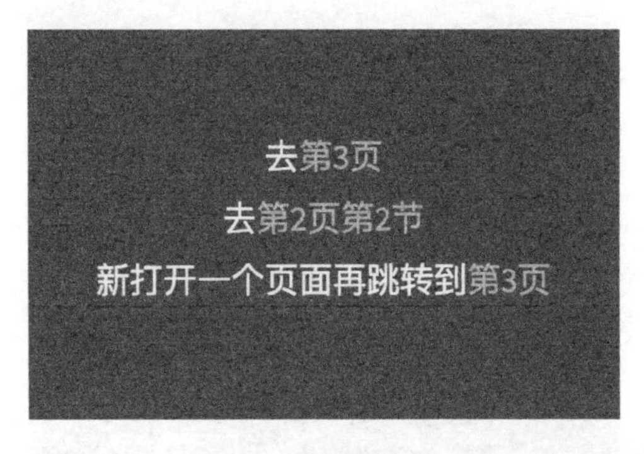

如果想打开一个新页面，而不是直接跳转，则可以这样实现。

```
<a href="#/3" target="_blank">另打开一个页面，然后跳转到第 3 页</a>
```

3. 演讲者注释

在演讲者注释界面上，可以查看当前幻灯片的注释，也可以预览下一页幻灯片的内容。由于演讲者注释是嵌到幻灯片里面的，因此要在对应的幻灯片页面里编写注释内容。

如果使用 Markdown 编写，则注释内容默认以 Note +:开头，示例代码如下。

```
<!-- 演讲者注释 (Markdown) -->
<section data-markdown>
   <textarea data-template>
      ## 按 <font color="#fa0">**S** </font>键可打开演讲者注释
      <small>
  如果使用 Markdown 编写，则注释内容以<font color="#fa0">Note + : </font>
开头。
     </small>
     <!-- 演讲者注释 -->
      Note:
      在演讲者注释界面可以查看当前幻灯片的注释，也可以预览下一页幻灯片。
   </textarea>
</section>
```

按 S 键可以打开演讲者注释界面，效果如下图所示。

5.3.5 幻灯片显示

1. 背景

幻灯片可以使用不同的颜色作为背景，也可以使用图片或视频作为背景。

a）背景颜色

示例代码如下。

````
<!-- 背景颜色 -->
<section data-background="#F34D4E" data-markdown>
   <textarea data-template>
   ## 指定背景颜色

   ```html
   <section data-background="#F34D4E">
   </textarea>
</section>
````

请注意，在插入的代码中如果有特殊符号 < 和 >，则需要使用 < 和 > 代替，否则它们会被浏览器误认为是标签而导致渲染错误。

b）图片背景

将图片设置为幻灯片背景，需要在<section>标签中使用 data-background 属性进行设置，示例代码如下。

````
<!-- 图片背景 -->
<section data-background="./imgs/galaxy.png" data-markdown>
   <textarea data-template>
   ## 指定背景图片
   ```html
   &lt;section data-background="path/image.png"&gt;
   </textarea>
</section>
````

在默认情况下，图片会被拉伸填满整个页面，这有可能会导致图片失真，为了避免这种情况，可以使用 data-background-size 属性设置图片的大小，也可以使用 data-background-repeat="repeat"平铺图片，示例代码如下。

```
<section data-background="./imgs/star.jpeg" data-markdown
data-background-repeat="repeat" data-background-size="100px">
                   <textarea data-template>
                   <!-- 通过 CSS 添加背景颜色 -->
                  <div  style="background-color: rgba(0, 0, 0, 0.603);
color: #fff; padding: 15px;">
                   ## 平铺图片
                   </div>
                    ```html
                   <!-- 平铺图片背景图片，并指定图片的大小 -->
                   <section    data-background="./imgs/star.jpeg"
data-markdown
                   data-background-repeat="repeat"
data-background-size="100px">
                   ```
                   </textarea>
</section>
```

效果如下图所示。

也可以使用 GIF 动态图作为幻灯片的背景，代码同上。

c）视频背景

将视频设置为幻灯片的背景，需要在<section>标签中使用 data-background-video 属性进行设置，示例代码如下。

```
<section data-background-video="./imgs/video.mov,"
        data-markdown>
    <textarea data-template>
        <!-- 通过 CSS 添加背景颜色 -->
        <div style="background-color: rgba(0, 0, 0, 0.603); color: #fff;
padding: 15px;">
            <h2>视频背景</h2>
        </div>
    </textarea>
</section>
```

由于视频背景可能会导致幻灯片的内容看不清，上述示例通过<div>标签为部分内容添加了样式，并指定了背景颜色和文字颜色。

d）网页背景

将网页设置为幻灯片的背景，需要在<section>标签中使用 data-background-iframe 属性进行设置，示例代码如下。

```
<section data-background-iframe="https://www.baidu.com"
        data-background-interactive
        data-markdown>
    <textarea data-template>
        ## 网页作为幻灯片的背景
    </textarea>
</section>
```

效果如下图所示。

由于网页位于幻灯片下的背景图层中，在默认情况下，我们无法与其交互，如果想要与网页进行交互，需要使用 data-background-interactive 属性进行设置。

2. 主题

reveal.js 提供了 11 种主题供大家选择。

序号	主题	CSS 文件地址
1	black（默认）	css/theme/black.css
2	white	css/theme/white.css
3	league	css/theme/league.css
4	sky	css/theme/sky.css
5	beige	css/theme/beige.css
6	simple	css/theme/simple.css
7	serif	css/theme/serif.css
8	blood	css/theme/blood.css
9	night	css/theme/night.css
10	moon	css/theme/moon.css
11	solarized	css/theme/solarized.css

如何替换主题呢?

在 head 中找到引用主题的样式文件。

```
<link rel="stylesheet" href="css/theme/black.css">
```

默认主题是 black，如果想使用其他的主题，只要替换 black.css 就可以了。例如，使用 sky 主题。

```
<link rel="stylesheet" href="css/theme/sky.css">
```

效果如下图所示。

3. 开启历史记录

由于在每次保存修改后，Web 服务都会自动重启，页面也会随之刷新，这就导致刷新后的页面总是会跳转到首页。假如我们当前编辑的是第 10 页的内容，保存后浏览器会自动跳转到首页，但如果我们想要看修改后的效果，就需要再翻到第 10 页才能看到，这样极为不便。

那么如何在保存修改后只在当前页面刷新而不跳转到首页呢？答案就是开启幻灯片的历史记录功能，让它记住我们当前所在的页面。

开启方法为在 revealjs.html 代码底部找到 Reveal.initialize({});，添加 history:true 开启历史记录，示例代码如下。

```
Reveal.initialize({
    history: true,  // 开启历史记录
    dependencies: [{
        ……
        }]
    });
```

保存后，在浏览器中可观察到网址显示的格式为：.html#/页码，示例如下。

```
http://localhost:8000/revealjs.html#/
http://localhost:8000/revealjs.html#/1
http://localhost:8000/revealjs.html#/2
http://localhost:8000/revealjs.html#/3
http://localhost:8000/revealjs.html#/4
```

页码从 0 开始，0 默认忽略。此时如果我们修改第 4 页的内容，保存后页面只

会在第 4 页刷新，而不再会跳转到首页了。

小提示：熟悉 HTML 的同学应该知道，历史记录正是利用锚点来进行页面定位的。

4. 显示页码

在默认情况下，幻灯片是不显示页码的，如果想在幻灯片上显示页码，需要在 Reveal.initialize({});中进行配置。

```
slideNumber:true,  // 显示页码
```

页码显示在幻灯片的右下角，效果如下图所示。

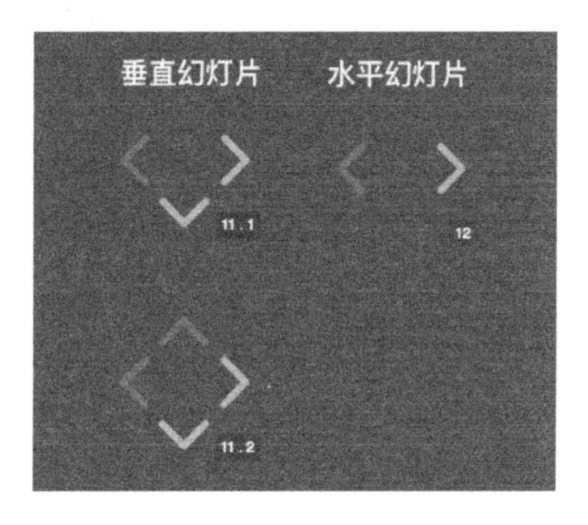

从页码上能很容易区分出垂直幻灯片和水平幻灯片。

5. 显示进度条

进度条默认是显示的，如果不想显示进度条，需要在 Reveal.initialize({});中配置。

```
progress: false,   // false 是不显示进度条，如果想显示就设置为 true
```

5.3.6 演示效果

1. 分段演示

我们在演示幻灯片时，可能会想要把一页幻灯片上的内容分段显示出来，如何实现这种效果呢？示例代码如下。

```
<!-- 分段演示 (Markdown) -->
<section data-markdown>
   <textarea data-template>
      ## 什么是分段演示?
      <span class="fragment">分段演示</span>
      <span class="fragment">就是</span>

      逐步      <!-- .element: class="fragment"-->

      显示内容  <!-- .element: class="fragment"-->

      它有很多动画效果 <!-- .element: class="fragment"-->
   </textarea>
</section>
```

由于本例是动态效果，这里就不给出效果图了，请运行示例代码自行查看。

上面的代码使用了两种方式来添加元素的属性，一种是标准方法，使用 HTML 标签为元素添加属性 class="fragment"；另一种是专门为 Markdown 设计的通过 HTML 注释为元素添加属性的方法，这两种方法可以混合使用，也可以单独使用。

分段演示提供了多种动画效果。

```
<section data-markdown>
   <textarea data-template>
      ## 分段演示有哪些动画效果?
       <p class="fragment grow">变大</p>
       <p class="fragment shrink">缩小</p>
       <p class="fragment fade-out">淡出</p>
       <p class="fragment fade-right">向右淡入</p>
       <p class="fragment fade-left">向左淡入</p>
       <p class="fragment fade-up">向上淡入</p>
       <p class="fragment fade-down">向下淡入</p>
       <p class="fragment fade-in-then-out">淡入然后淡出</p>
       <p class="fragment fade-in-then-out">淡入然后淡出</p>
       <p class="fragment">也可以改变文字的颜色</p>
       <p class="fragment">例如:
          变<span class="fragment highlight-red">红</span>,
```

```
        变<span class="fragment highlight-green">绿</span>,
        变<span class="fragment highlight-blue">蓝</span>,
        变<span class="fragment highlight-current-blue">蓝</span>再
还原,
      </p>
   </textarea>
</section>
```

2. 演示顺序

分段演示是可以控制显示顺序的，这需要为元素添加 data-fragment-index 属性，示例代码如下。

```
<section data-markdown>
   <textarea data-template>
      ## 如何控制分段内容的显示顺序?
      <!-- 使用注释为元素添加属性 -->

      2  <!-- .element: class="fragment" data-fragment-index="2" -->

      1  <!-- .element: class="fragment" data-fragment-index="1" -->

      <!-- 使用 HTML 标签为元素添加属性 -->
      <p>
         <span class="fragment" data-fragment-index="4">4</span>
      </p>
      <p>
         <span class="fragment" data-fragment-index="3">3</span>
      </p>
   </textarea>
</section>
```

3. 转场动画

转场动画是指切换幻灯片时的过渡效果，可以单独设置某页幻灯片的转场动画，也可以设置全局的转场动画。设置单个幻灯片的转场动画，需要给<section>标签添加 data-transition 属性，属性的值就是转场动画的效果，示例如下。

```
<section data-transition="zoom">
    <h2>放大</h2>
    这种过渡动画的效果怎么样?
</section>
```

reveal.js 提供的转场动画效果有如下几种。

转场动画可选值	转场效果
convex	凸进凸出
concave	凹进凹出
zoom	缩放
slide	移入移出
fade	淡入淡出

如果不想对每一页都单独设置转场动画，可以设置全局动画效果，此时，需要在 Reveal.initialize({});中添加如下代码。

```
transition: 'convex', // 转场效果
```

注意：页面设置的优先级高于全局设置，因此即使设置了全局动画效果，如果还想对某页幻灯片进行其他设置也是可以的。

4. 背景过渡动画

还可以通过在<section>标签中添加 data-background-transition 属性为每一页幻灯片设置不同的背景过渡动画，动画效果的选项跟前面讲的转场动画一样，示例代码如下。

````
<section data-markdown
        data-transition="slide"
        data-background="#F34D4E"
        data-background-transition="convex">
        <textarea data-template>
            ## 背景转变

            <small>通过配置 <font color="#fa0">**data-background-transition**</font> 属性

            ```html
            <section data-background-transition="convex">
            ```
        </textarea>
</section>
````

注意：如果设置了背景过渡动画，内容的过渡就默认变成了滑入效果。

5. 自动演示

如果想让幻灯片自动演示，只需要设置自动演示的间隔时间就可以了，示例如下。

```
//每 5s 自动翻页
Reveal.configure({
  autoSlide: 5000
});
```

配置完成后，自动演示功能就被启用了，幻灯片的左下角将会显示一个控件，用户可以通过单击控件或按键盘上的 A 键来暂停或恢复自动演示。控件播放和暂停的效果如下图所示。

可对单个幻灯片和片段单独设置自动演示时间，示例如下。

```
<section data-autoslide="3000">
    <p>
        3s 后自动播放下面这个片段
    </p>
    <p class="fragment" data-autoslide="8000">8s 后自动播放下一个片段</p>
    <p class="fragment">3s 后自动播放下一页</p>
</section>
```

6. 循环演示

在默认情况下，幻灯片演示到最后一页就停止了，如果我们想要在最后一页翻页之后再从第 1 页开始演示，应该如何设置呢？这需要在 Reveal.initialize({}); 中添加如下代码。

```
loop: true, // 循环演示,true 为循环, false 为不循环
```

7. 局部放大

如果想在演示幻灯片时，对某些内容进行突出或细致地讲解，使用局部放大效果将会非常棒。使用前需要在 Reveal.initialize({});中添加依赖，具体如下所示。

```
dependencies: [{ src: 'plugin/zoom-js/zoom.js', async: true },]
```

然后通过按下 Alt 键并单击鼠标进行局部放大或恢复。

8. 休眠

如果在演示时需要休息一会，只需要按 B 键或 . 键即可让幻灯片休眠或恢复。

9. 全屏

按 F 键可进入全屏状态，按 Esc 键可退出全屏。

10. 概览

按 Esc 或 O 键可查看幻灯片的概览，效果如下图所示。

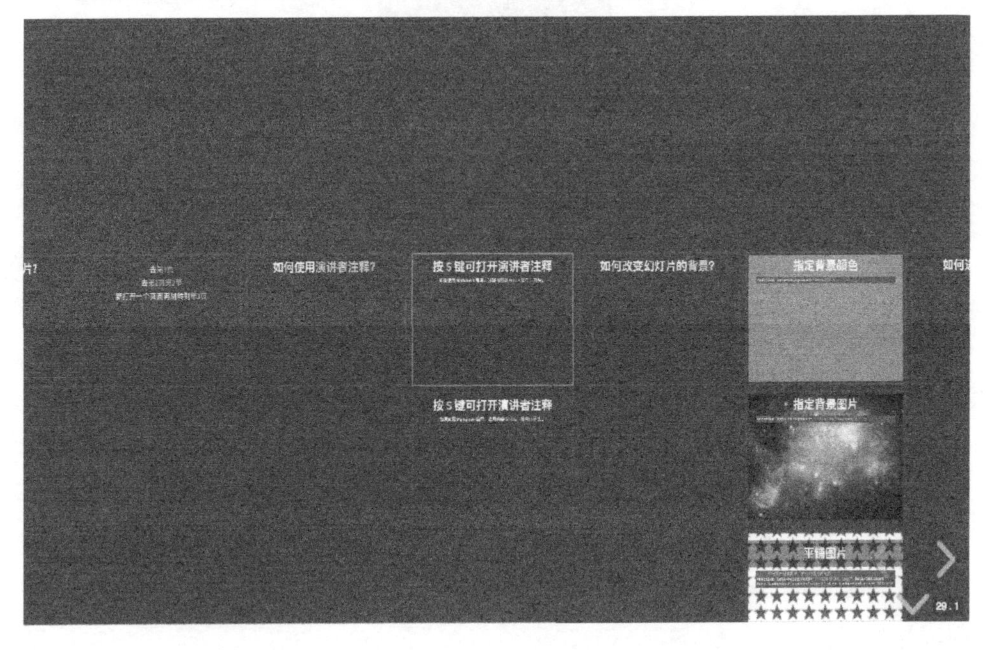

11. 帮助和快捷键

常用的快捷键如下。

键	动作
N，空格键	下一张幻灯片
P	上一张幻灯片
←，H	向左
→，L	向右
↑，K	向上
↓，J	向下
Home	首页
End	尾页
B，.	停止
F	全屏
Esc，O	幻灯片概览
S	演讲者注释页面
?	打开帮助页面
Alt + 鼠标单击	局部放大/恢复（需要添加依赖的插件）

5.3.7　引用外部的 Markdown 文件

前面我们讲到的都是在 HTML 代码中使用 Markdown 来编写幻灯片，这样做的好处是所有内容自上而下，一气呵成，有一种整体感，使用到 HTML 的地方也会进行自动补全和语法检查。不好的地方就是 HTML 与 Markdown 交叉使用，如果不熟悉 HTML，就会觉得比较乱，而且一旦格式化代码会导致 Markdown 编写的内容全乱掉，且失去语法高亮和语法检查的效果。

不过，好用的工具从来都会提供多种选择，reveal.js 允许我们引用外部的 Markdown 文件。这样可以让 HTML 文件跟 Markdown 文件分离，在 HTML 文件中专注于幻灯片的配置，而在 Markdown 文件中专注于内容的编写，语法检查和语法高亮也都可以使用起来。另外，我们还可以同时引用多个 Markdown 文件，内容分类也会很方便。那么，如何引用外部的 Markdown 文件呢？

外部的 Markdown 文件是在<section>中指定的，我们需要在 HTML 中添加<section>，然后在<section>的属性中指定加载和解析 Markdown 文件的规则。

1. 配置解析规则

在<section>标签中添加属性。

```
<section data-markdown="外部文件.md"
       data-separator="^\n\n\n"
       data-separator-vertical="^\n\n"
       data-separator-notes="^Note:"
       data-charset="utf-8">
</section>
```

配置说明。

作用	属性	说明
Markdown 文件路径	data-markdown="外部文件.md"	外部 Markdown 文件路径
水平幻灯片分页规则	data-separator="^\n\n\n"	在 3 次换行之后是水平幻灯片
垂直幻灯片分页规则	data-separator-vertical="^\n\n"	在 2 次换行之后是垂直幻灯片
演讲者注释匹配规则	data-separator-notes="^Note:"	以 Note 开头的内容为演讲者注释
加载文件时的编码格式	data-charset="utf-8"	编码格式为 UTF-8

注意：在 Linux 和 macOS 系统中，使用\n 作为换行符，但 Windows 系统使用\r\n 作为换行符，如果要支持所有操作系统，则需要使用正则表达式\r?\n。

接着上面的例子，我们编写外部文件.md。

````
# 第 1 页

Markdown 文件水平分页匹配规则
```
data-separator="^\n\n\n"
```
在 3 次换行符之后是 1 页水平幻灯片



# 第 2 页

Markdown 文件垂直分页匹配规则
```
data-separator-vertical="^\n\n"
````
````

````
```
在 2 次换行符之后是 1 页垂直幻灯片



# 第 3 页

Markdown 文件演讲者注释匹配规则
```
data-separator-notes="^Note:"
```
以 Note:开头的内容为演讲者注释

Note:
# 我是演讲者注释
按 S 键可以看到我
````

效果如下图所示。

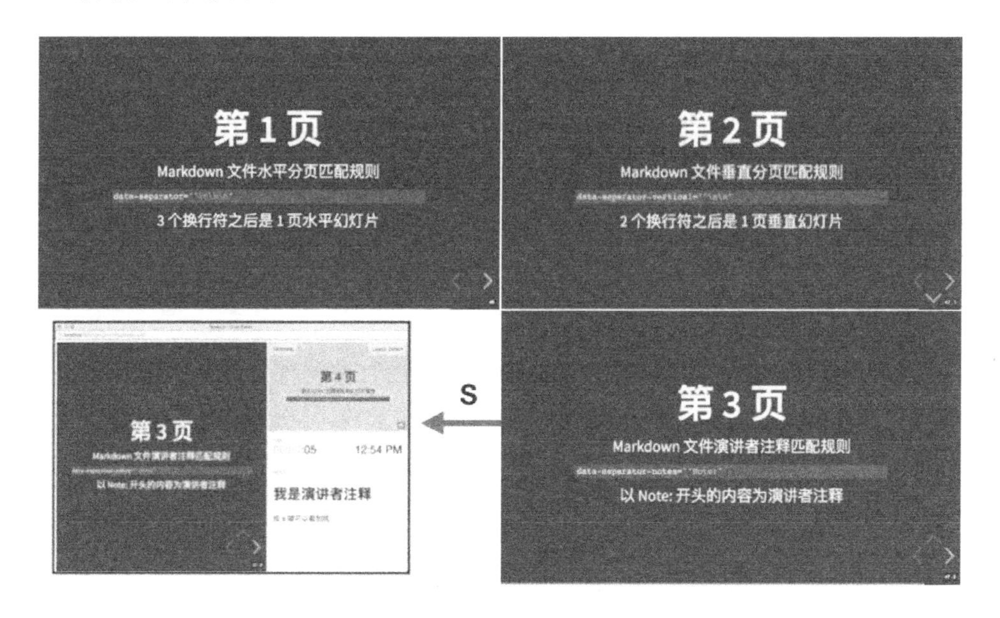

注意：由于 Web 服务器并不会监控 Markdown 文件的修改情况，因此如果想查看最新修改效果，需要手动去刷新页面。

2. 配置幻灯片属性
````

在 HTML 中配置幻灯片属性是非常方便的，那么，在 Markdown 文件中如何配置幻灯片属性呢？

方法是通过 HTML 注释来配置幻灯片的属性，示例代码如下。

```
# 第 4 页

通过 HTML 注释来配置幻灯片属性
<!-- .slide: data-background="#fa0" -->
```

HTML 注释语法解读如下。

1）<!-- -->是注释符号。

2）.slide 是指设置幻灯片。

3）data-background="#fa0"是指定幻灯片的背景颜色。

效果如下图所示。

### 3. 配置元素属性

元素属性跟幻灯片属性一样，也是通过 HTML 注释来配置的，示例代码如下。

```
# 第 5 页

通过 HTML 注释来配置元素属性

* 我是 1 号 <!-- .element: class="fragment" data-fragment-index="2" -->
* 我是 2 号 <!-- .element: class="fragment" data-fragment-index="1" -->
* 我是 3 号 <!-- .element: class="fragment highlight-red"  -->
```

HTML 注释语法解读如下。

1）.element 是指设置元素。

2）class="fragment"是指分段加载。

3）data-fragment-index 是指加载顺序。

4）class="fragment highlight-red"是指元素使用红色高亮显示。

### 4. 另一种分页规则

另一种比较常用的分页规则，需要在<section>的属性中配置如下代码。

```
<section data-markdown="另一个外部文件.md"
        data-separator="^\n---\n$"
        data-separator-vertical="^\n--\n$"
        data-separator-notes="^Note:"
        data-charset="utf-8">
</section>
```

这里定义的水平幻灯片的分页规则是：空行 + --- + 空行，垂直幻灯片的分布规则是：空行 + -- 空行，另一个外部文件.md 的示例代码如下。

````
第 1 页

另一个外部文件

水平幻灯片分页匹配规则

```html
data-separator="^\n---\n$"
```

`---` + 前后两个空行

第 2 页

垂直幻灯片分页匹配规则

```html
data-separator-vertical="^\n--\n$"
````
````

````
```

`--` + 前后两个空行

--

# 第 3 页

我是垂直幻灯片
````

这种使用分隔线来分页的匹配规则看起来比只使用空行更加清晰，推荐使用。

5.3.8 高级进阶

1. 打印/导出PDF文件

如何将幻灯片打印或导出为 PDF 格式的文件呢？

STEP 1，设置幻灯片的打印样式，在 head 中添加如下脚本。

```
<!-- 打印/导出 PDF 文件需要的样式-->
<script>
   var link = document.createElement('link');
   link.rel = 'stylesheet';
   link.type = 'text/css';
   link.href = window.location.search.match(/print-pdf/gi)
               ? 'css/print/pdf.css' : 'css/print/paper.css';
   document.getElementsByTagName('head')[0].appendChild(link);
</script>
```

如果要打印/导出 PDF 格式的文件，就必须添加上面这段脚本，它通过匹配幻灯片地址中是否包含 print-pdf 来判断是否使用打印样式。

STEP 2，在幻灯片地址中添加查询字符串 print-pdf，如果使用的是 index.html，则添加后的效果如下。

```
http://localhost:8000/?print-pdf
```

在本例中，添加后的效果如下。

```
http://localhost:8000/revealjs.html?print-pdf#/
```
```

如果想把演讲者注释也一并导出，则还要添加 showNotes=true。

```
http://localhost:8000/revealjs.html?print-pdf&showNotes=true#/
```

STEP 3，设置幻灯片导出效果。

1）进入浏览器的打印界面：Chrome（推荐）→打印（Ctrl / Command + P）。

2）如果要导出 PDF 格式的文件，把【目标打印机】通过【更改...】设置为【另存为 PDF】即可；如果要打印文件，直接选择打印机就可以了。（本例演示的是导出 PDF 格式的文件。）

3）把【边距】设置为【无】。

4）【选项】勾选【背景图形】。

STEP 4，保存幻灯片，单击【保存】后选择保存地址就可以了。

2. 插件

插件可以增强幻灯片的功能，这里有很多好用的插件供我们选择：https://github.com/hakimel/reveal.js/wiki/Plugins,-Tools-and-Hardware，下面我们通过两个例子来介绍一下如何使用插件。

a）自动生成导航菜单插件

reveal.js-menu 是一个自动生成幻灯片导航菜单的插件，还可以在菜单中切换主题和转场动画。其安装命令如下。

```
npm install --save reveal.js-menu
```

在依赖中添加如下配置。

```
Reveal.initialize(
   dependencies: [
    { src: 'node_modules/reveal.js-menu/menu.js' }
   ]
});
```

刷新页面后，在幻灯片的左下角会显示一个菜单按钮，如图所示≡。

单击菜单按钮会在幻灯片的左边显示导航菜单，如下图所示。

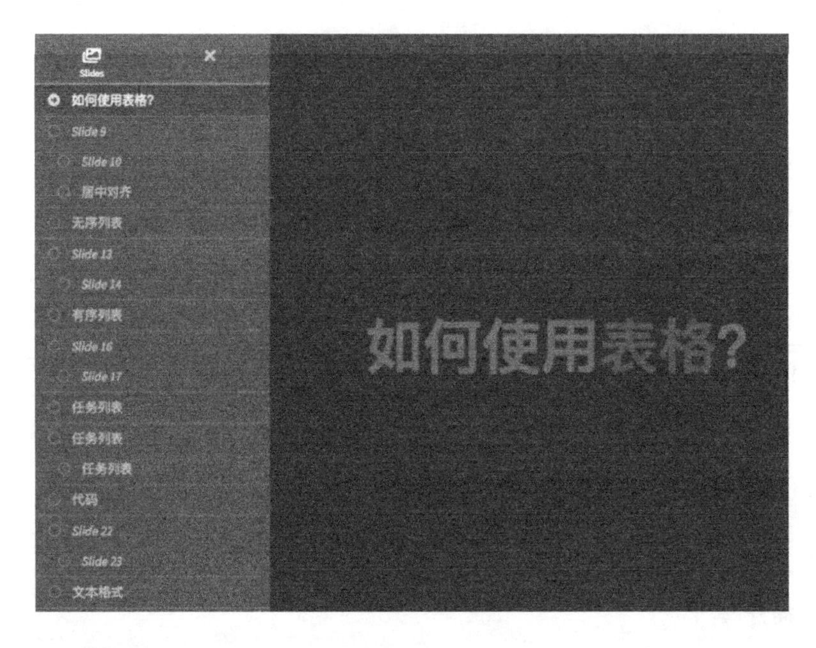

如果想让菜单显示在右边，可以进行如下设置。

```
Reveal.initialize(
    menu: {
        // 指定菜单显示在左边还是右边：使用 'left' 或 'right'。
        side: 'right',
    }
});
```

导航菜单会自动提取幻灯片的标题，如果没有标题，则默认显示页数，也可以使用幻灯片内容的开头作为标题，需要做如下设置。

```
// 如果幻灯片没有匹配的标题，是否尝试使用文本内容的开头作为标题
useTextContentForMissingTitles: false,
```

也可以不显示没有标题的幻灯片。

```
hideMissingTitles: false,
```

更多配置请参考 https://github.com/denehyg/reveal.js-menu。

b）工具栏插件

reveal.js-toolbar 是一个工具栏插件，可以通过工具栏快速使用 reveal.js 的功能，如全屏、概览、暂停、演讲者注释等，其安装命令如下。

```
npm install --save reveal.js-toolbar
```

在依赖中添加下面的代码。

```
Reveal.initialize(
    ......
    toolbar: {
        position: 'bottom',
        fullscreen: true,
        overview: true,
        pause: true,
        notes: true,
        help: true,
    },
    dependencies: [
    ......
        { src: 'node_modules/reveal.js-menu/menu.js' }
    ]
});
```

为了演示，这里把所有功能都显示出来了，效果如下图所示。

更多配置请参考 https://github.com/denehyg/reveal.js-toolbar。

5.4　本章小结

本章主要介绍了如何使用 reveal.js 来写幻灯片，相信你已经为它强大的功能感到震撼。reveal.js 基本上满足了我们写幻灯片的所有常用需求，而且更美观、简洁和高效。学会使用 reveal.js，希望你能更喜欢写幻灯片，也希望你能更好地进行分享。

第 6 章 Markdown 工具一箩筐

前面介绍的 Typora 和 VS Code 已经能够满足我们日常工作中大部分的写作需求了，可还有一些比较特殊的需求，如手机端写作、记笔记、写邮件、写微信公众号文章、写网页、写交互式文档、写日记等，都需要“更专业”的工具来支持。本章将向大家介绍如何使用专业的工具让 Markdown 应用于更多的写作场景。

6.1 记笔记

笔记软件主要是用来帮助用户记录重要信息、事件及想法的。在笔记软件中使用 Markdown 写作的优点显而易见——除了能够使用笔记软件自身的所有功能，还能享受 Markdown 专注而高效的写作特点。目前市场上比较流行的笔记软件主要有印象笔记、有道云笔记和 OneNote 等。

6.1.1 印象笔记

翘首企盼了很久，印象笔记终于也支持 Markdown 了。它支持基础 Markdown 语法和 GFM 语法，并且跟有道笔记一样，能够通过使用模板快速绘制数学公式、流程图、时序图、甘特图，令人惊喜的是，印象笔记还提供了快速绘制多种图表的功能。

总之，一句话，在印象笔记中使用 Markdown 写作，让人有一种愉悦的感觉，从功能到配色，到处透露着“高级感”。

在印象笔记的左上角单击【新建 Markdown 笔记】可以新建 Markdown 笔记，也可以使用快捷键新建，具体如下。

macOS 系统	Windows 系统
Command + D	Ctrl + D

默认使用的是经典的 Markdown 编辑模式，左边是源码，右边是预览。通过工具栏上的【切换编辑模式】按钮能够在纯编辑模式和经典模式之间切换，通过右上角的【Markdown 预览】按钮能够进入纯预览界面，如下图所示。

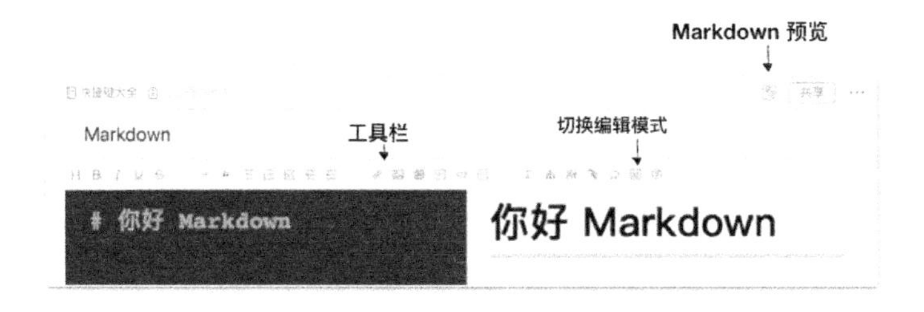

在印象笔记的工具栏上，提供了常用标记的快速插入功能，包括一些常用的图表模板，把鼠标放到图标上，会显示图标的功能提示，如下图所示。

前三组图标比较常见，功能也非常明显，这里就不多做介绍了。最右边一组图标的功能分别是添加数学公式、添加流程图、添加时序图、添加甘特图、切换主题、编辑模式、Markdown 使用指南。如果想更全面地了解印象笔记中的 Markdown 应该如何使用，可以单击【Markdown 使用指南】查看官方教程。

接下来通过几个例子，来看看使用印象笔记中的 Markdown 添加流程图和图表的便捷之处。

1. 添加流程图

在单击工具栏上的【添加流程图】之后，会在源码编辑器中插入流程图的代码模板，我们只需要根据这个模板进行修改就可以了，不必再从头写起（何况语法并不容易记住）。

2. 添加图表

印象笔记支持在 Markdown 中添加 4 种图表——饼图、折线图、柱状图、条形图，不同图表之间可以通过改变源码中 type 的值进行切换，可选值为 pie、line、column、bar。令人惊喜的是，这些图表在预览界面都是可以进行交互操作的。

3. 添加图片

在印象笔记中可以通过工具栏上的【插入图片】上传本地的图片，也可以直接拖拽添加，或者从剪切板中粘贴，而这些功能在有道云笔记中只有会员才可以使用。

另外，我们还可以非常方便地设置图片大小，格式如下。

1）本地图片/网络图片@w=100。

2）本地图片/网络图片@h=100。

3）本地图片/网络图片@w=100h=100。

效果如下图所示。

4. 文件转换

在编辑界面或源码界面上，单击鼠标右键，可以导出 Markdown 格式的笔记，也可以将笔记转换为 PDF 格式的文件，如下图所示。

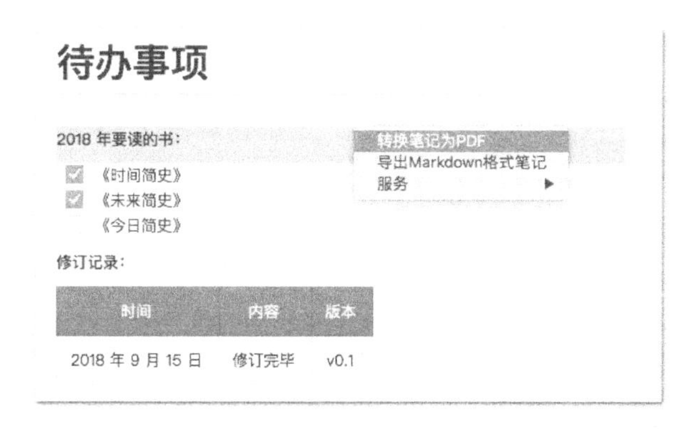

通过印象笔记转换的 PDF 文件非常漂亮，它基本保持了 Markdown 预览时的效果。另外，我们还可以在印象笔记中对 PDF 文件进行标注、预览和下载，如下图所示。

6.1.2　有道云笔记

有道云笔记应该是国内使用用户最多的笔记软件了，它功能全、速度快，而且免费（针对大部分功能）。它对 Markdown 的支持也比较全面，支持在电脑端、手机端、Web 端等多平台使用 Markdown，除支持基础的 Markdown 语法外，有道云笔记还支持代码高亮、任务列表、表格、数学公式，能够高效绘制流程图、序列图、甘特图。

正如官方文档所说，在有道云笔记上使用 Markdown 写作能够让你达到“**心中无尘，码字入神**”的境界。

在电脑端和 Web 端，都是通过在文件夹处单击鼠标右键→【新文档】→【新建 Markdown】来新建 Markdown 文件的。

在手机端，则通过单击【 + 】按钮，选择【Markdown】来新建笔记。

创建 Markdown 文件之后，就进入我们熟悉的 Markdown 编辑环境了，相信你已经对 Markdown 语法驾轻就熟了。如果懒得去记这些语法，在工具栏上提供有一排快速插入语法的图标，一目了然。

值得注意的是，PC 端的有道云笔记提供了快速插入公式和图表的模板，我们只需要根据模板进行修改就可以得到自己想要的图表了，如下图所示。

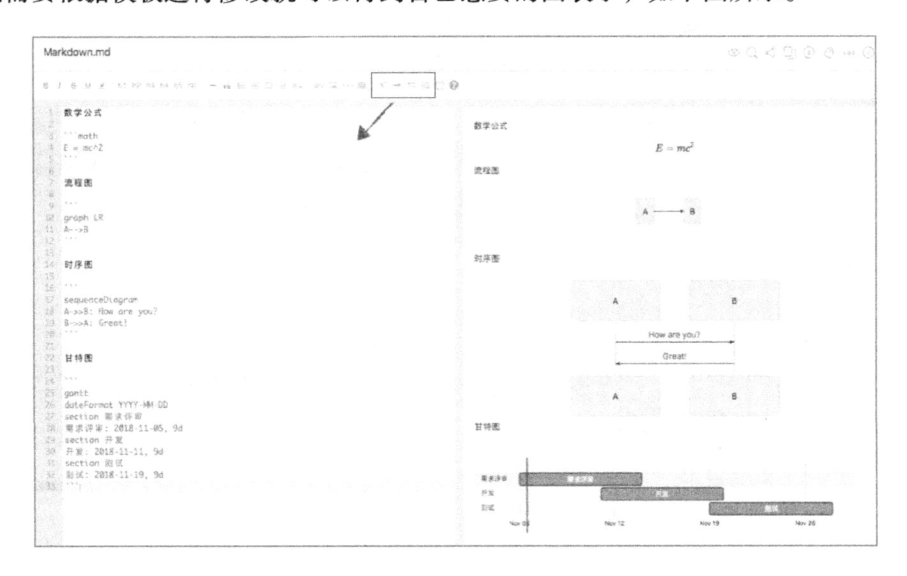

小提示

1）在有道云笔记中，只有会员才能在 Markdown 中直接上传本地图片，这一点很不方便，而印象笔记没有这个限制。

2）在有道云笔记中，Markdown 预览界面可以直接进行演示，但在印象笔记中必须是会员才可以。

6.1.3 OneNote

OneNote 本身并不直接支持 Markdown，但如果想在 OneNote 中使用 Markdown，

可以通过插件来实现。

插件下载地址：https://www.onenotegem.com/one-markdown.html，目前只支持 Windows 版本。

6.2　在线多人协作工具

在线文档可以让我们随时随地创建、编辑、与他人协作处理文档，是协同办公必备的工具。目前比较流行的两个在线协作工具是腾讯文档和石墨文档，它们都支持一些简单的 Markdown 语法。在使用时你可能找不到切换 Markdown 的入口，这是因为根本没有入口，直接通过“标记符号 + 空格”使用就好了，效果是实时渲染的。

6.2.1　腾讯文档

腾讯文档支持的 Markdown 语法有标题（6 级）、分隔线、有序列表和无序列表，效果如下图所示。

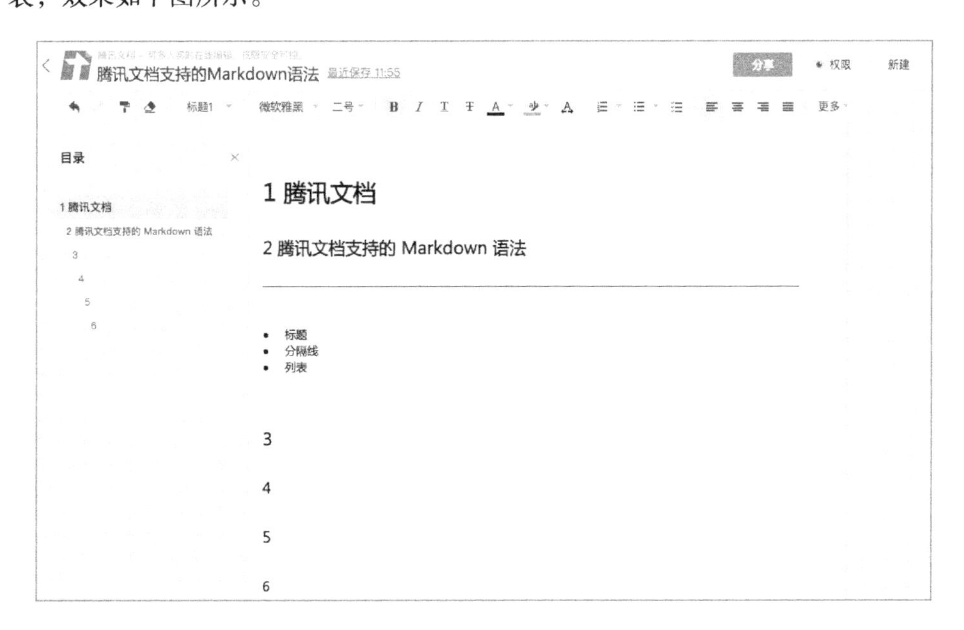

6.2.2 石墨文档

石墨文档支持的 Markdown 语法如下。

1）标题（3 级）。

2）有序列表。

3）无序列表。

4）任务列表（[] + 空格）。

5）代码块（行首输入``` + 空格）。

除在编辑时可以使用上述简单的 Markdown 语法外，石墨文档还支持导入/导出 Markdown 文件，能正常解析几乎所有 GFM 语法。

导入 Markdown 文件的效果，如下图所示。

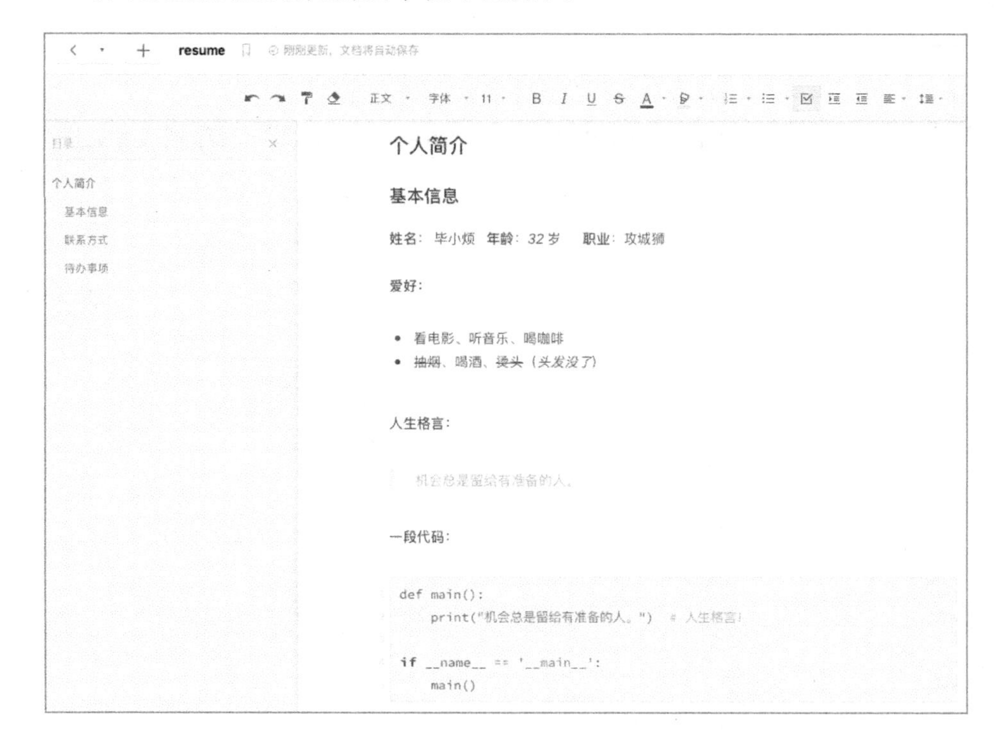

6.3　写博客

6.3.1　知乎

知乎并没有专门的 Markdown 编辑器，但在发布文章或回答问题时，可以使用粗体、斜体、代码块、引用、标题、有序列表、无序列表、分隔线等 Markdown 标记来对文字进行快速排版，使用方法是“标记符号 + 空格”，代码块是“``` + 回车键”。

除此之外，还可以通过【文档导入】功能，将 Markdown 文件导入知乎。不过需要注意的是，基础的 Markdown 语法能被正常解析，但一些扩展语法，如表格、任务列表、删除线等就无法被解析了，它们将以纯文本的形式显示。

导入文档，如下图所示。

小提示：【文档导入】图标在工具栏的最右边，单击【...】才能看到。

6.3.2 简书

简书作为一款被广泛使用的写作工具，也支持基础的 Markdown 语法，在其新建文章界面，通过【设置】→【默认编辑器】可以切换为 Markdown 编辑器。简书的 Markdown 编辑界面如下图所示。

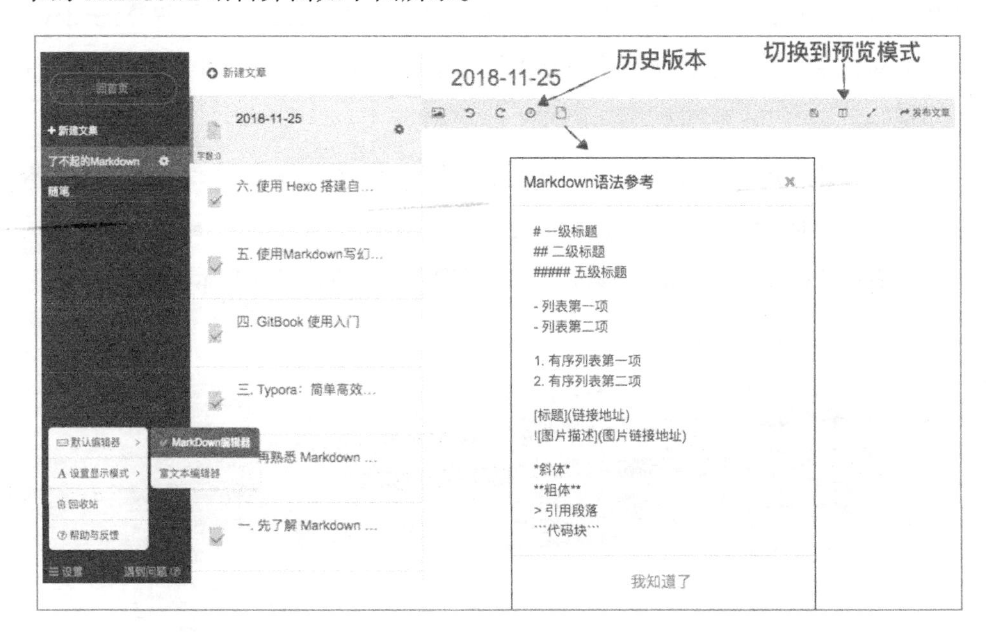

6.3.3 CSDN

写技术博客的人应该都听说过 CSDN，它的 Markdown 编辑器功能已经非常全面，使用 Typora 编写的 Markdown 源码（包括表格、公式、流程图、甘特图等），粘贴或导入到 CSDN 基本上都可以正常显示。

CSDN 的 Markdown 编辑器如下图所示。

在【创作中心】可以切换 Markdown 编辑器和富文本编辑器，在 Markdown 编辑器中可以直接编写、粘贴或导入 Markdown 文件，可以将图片拖拽上传，这些都大大提高了博客的写作效率。

6.4　写微信公众号文章

“再小的个体，也要有自己的品牌”，很多公司、团队和个人都有自己的微信公众号。写过微信公众号文章的朋友可能都遇到过排版问题，使用 Markdown 虽然方便，但很多格式在微信公众号编辑器中不支持，有些格式支持得也不是很好。

这里推荐两款在线格式化工具来帮助解决上述排版问题，它们可以将 Markdown 文档直接渲染成适合微信公众号的格式，并且有多种主题可以选择。

6.4.1　Online-Markdown

打开 https://www.flyzy2005.cn/tools/online-markdown/进入在线编辑页面，可以根据个人喜好调整页面主题和代码主题，还可以实时预览渲染效果，如下图所示。

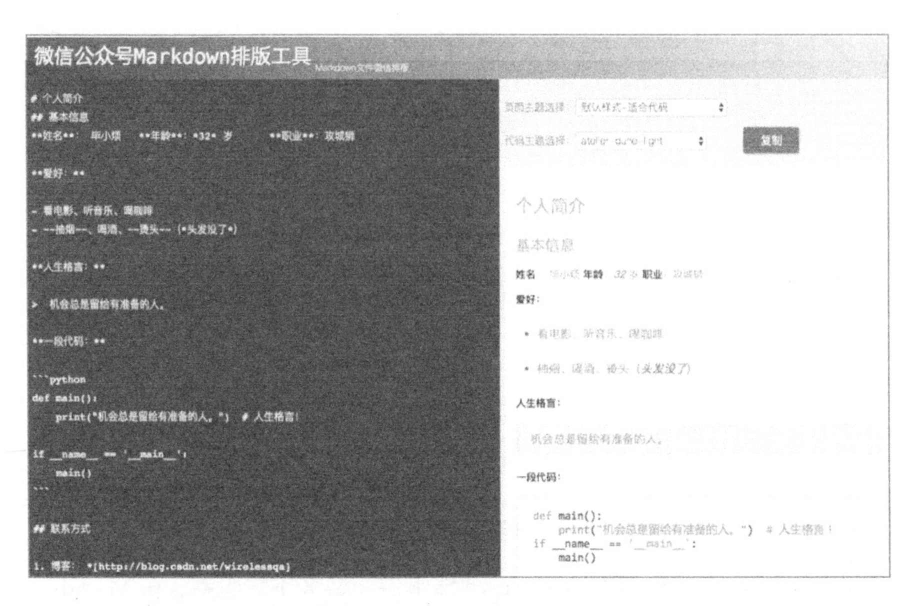

复制渲染后的内容，粘贴到微信公众号的编辑器中，原有的文档格式会得以保持，如下图所示。

6.4.2 Md2All

Md2All 的使用方法跟 Online-Markdown 差不多，只不过多了一个下载 HTML 文档的功能。

Md2All 地址为 http://md.aclickall.com/。

6.5 写邮件——Markdown Here

写邮件是日常工作中最常见的写作场景之一，几乎人人都要写邮件。通常使用 Markdown 写邮件的步骤是：在 Markdown 编辑器中写邮件→复制渲染后的内容→粘贴到邮件编辑器→发送邮件。这种方法本身没什么问题，但是操作步骤复杂，一旦邮件内容有修改还得照上面的步骤再操作一次，实在太麻烦。

那么，能不能直接使用 Markdown 写邮件呢？

能，Markdown Here 帮我们解决了这个问题。它不但能让我们在邮箱中直接使用 Markdown 写邮件，还可以通过配置样式让邮件内容变得更加美观。

Markdown Here 是一个浏览器/客户端插件，它支持 GFM 语法，可以一键渲染富文本编辑器中的 Markdown 语法，这让我们可以使用任意 Web 编辑器来写邮件。

Markdown Here 提供了适用于 Chrome、Firefox、Safari、Opera 浏览器的插件和 Thunderbird、Postbox 邮件客户端插件，其下载地址和源码地址如下。

1）下载地址：https://markdown-here.com/get.html。

2）源码地址：https://github.com/adam-p/markdown-here/。

一般使用 Markdown Here 的工作流程如下。

1）安装 Markdown Here 插件。

2）在邮件编辑器中使用 Markdown 编写邮件。

3）单击 Markdown Here 渲染邮件内容。

4）发送邮件。

接下来我们以 Chrome 插件为例，介绍 Markdown Here 的工作流程和配置技巧。

6.5.1 安装 Chrome 插件

在 Chrome 应用商店中，搜索“Markdown Here”，找到后进入安装界面，单击右上角的【 + 添加至 CHROME 】安装插件，如下图所示。

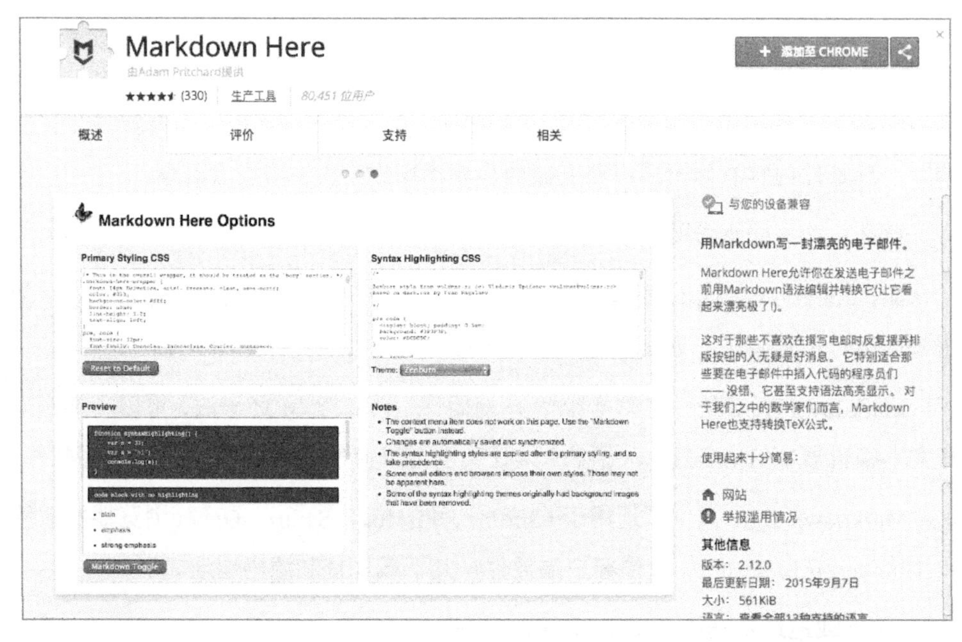

安装成功后重启 Chrome，在右上角会显示 Markdown Here 图标。

6.5.2 使用 Markdown 写邮件

理论上，Markdown Here 可以渲染所有 Web 端富文本编辑器中的 Markdown 文档，本例就以最常用的 163 邮箱为例，看看如何使用 Markdown 来写邮件。

STEP 1，使用 Chrome 打开 163 邮箱，在文本编辑器中使用 Markdown 编写邮件，如下图所示。

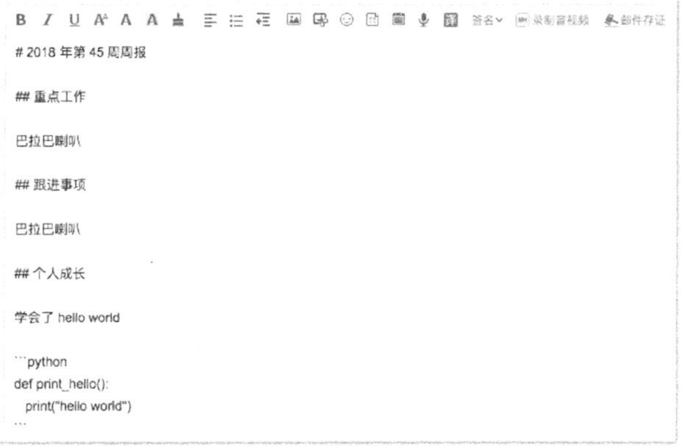

```
# 2018 年第 45 周周报

## 重点工作

巴拉巴剌叭

## 跟进事项

巴拉巴剌叭

## 个人成长

学会了 hello world

```python
def print_hello():
  print("hello world")
```
```

STEP 2，把光标放在编辑器中，单击 Chrome 上的 Markdown Here 图标，渲染编辑器中的内容。效果如下图所示。

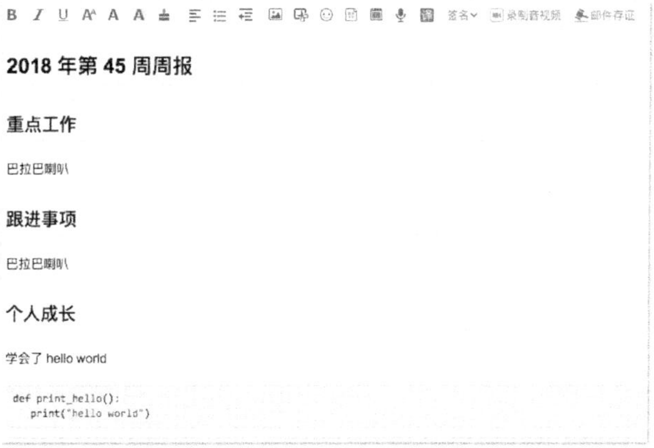

**2018 年第 45 周周报**

**重点工作**

巴拉巴剌叭

**跟进事项**

巴拉巴剌叭

**个人成长**

学会了 hello world

```
def print_hello():
    print("hello world")
```

STEP 3，发送邮件。

怎么样？简单吧！只需要单击浏览器上的 Markdown Here 图标，就可以把编辑器中的 Markdown 渲染成 HTML 格式的文档，再次单击该图标就可以切换回 Markdown 格式，神奇的 Markdown Here 把所有的 Web 编辑器都变成了 Markdown 编辑器。

6.5.3 自定义主题

如果你不喜欢 Markdown Here 的默认主题，也可以自定义主题。在 Chrome

浏览器的 Markdown Here 图标上，单击鼠标右键，在弹出的操作列表中单击【选项】进入设置界面。在【基本渲染 CSS】中可以自定义 Markdown 主题，在【语法高亮 CSS】中可以选择代码高亮的主题，在【预览】中可以实时查看效果。相应的示例如下图所示。

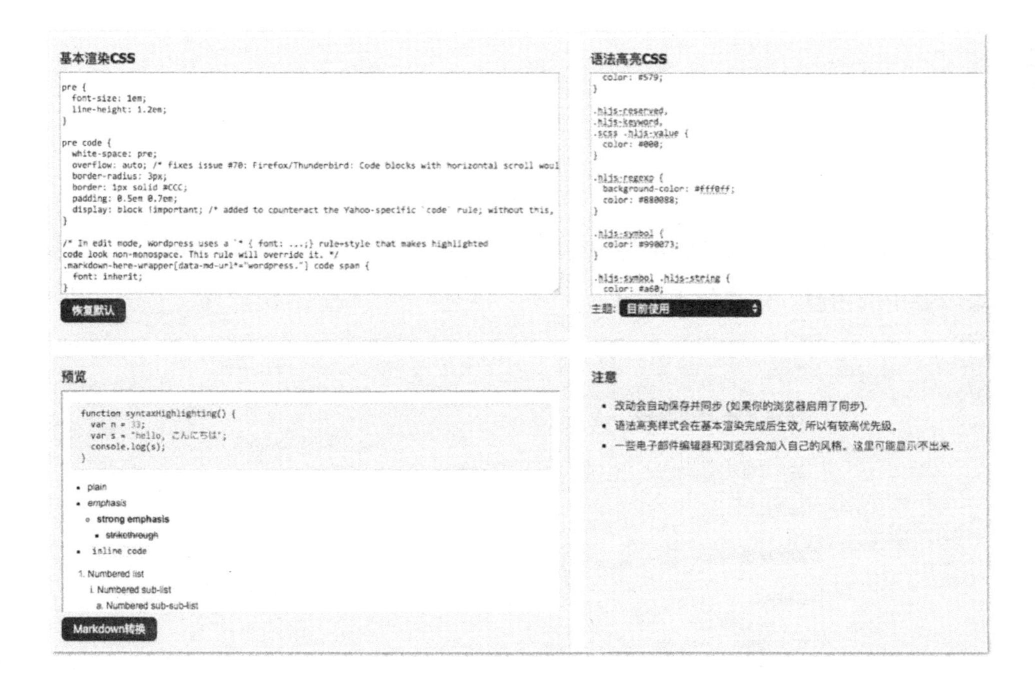

下面我们把主题改为一款比较流行的主题——markdown-here-css，其操作步骤如下。

1）打开 https://github.com/caseywatts/markdown-here-css。

2）再打开项目列表中的 default.css 文件。

3）复制文件中的所有内容。

4）粘贴到【基本渲染 CSS】中（Markdown Here 会自动保存）。

5）在预览中查看新主题的效果。

操作完成后，自定义的主题就生效了，我们回到之前的例子，再看看新主题的渲染效果，如下图所示。

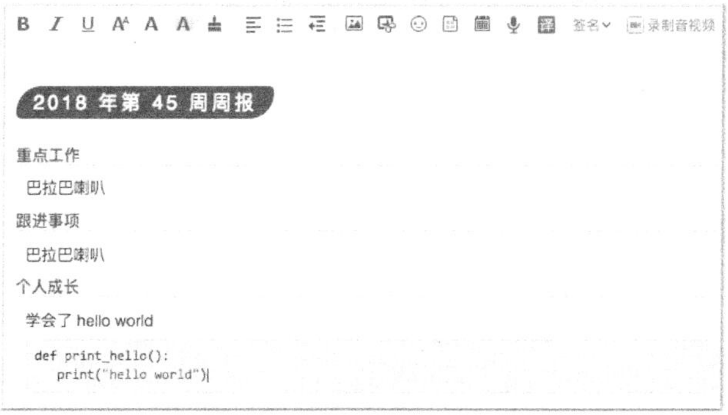

如果你是一名前端开发者，可以尝试定制一款属于自己的主题。而对于普通用户来说，使用现成的主题就好了。

下面这个项目中收集了一些 Markdown Here 的主题，大家可以去尝试一下：

https://github.com/huanxi007/markdown-here-css

小提示：如果配置主题时出错了，也不用紧张，【基本渲染 CSS】下面有一个【恢复默认】按钮，一键恢复即可。

6.5.4　快捷键

在 Markdown 编辑界面和渲染效果界面之间切换，除通过单击 Markdown Here 图标之外，还可以使用快捷键，快捷键如下。

macOS 系统	Windows 系统
Control + Option + M	Ctrl + Alt + M

如果快捷键冲突，可以修改快捷键，方法同样是进入设置界面，找到【快捷键】一栏，对快捷键的设置及其注意事项，一目了然，如下图所示。

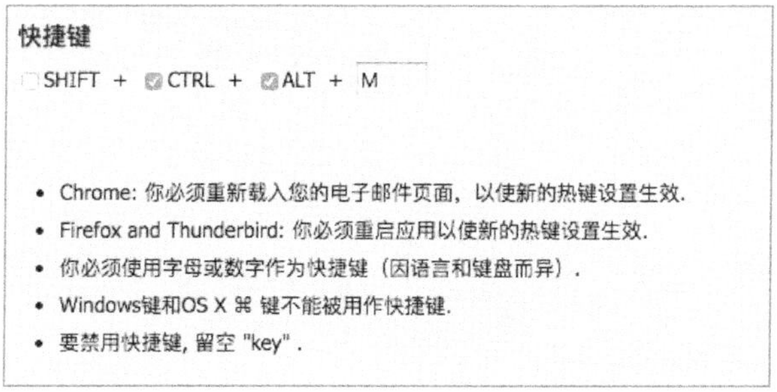

更多有关 Markdown Here 的使用技巧，可以参考 https://github.com/adam-p/markdown-here/wiki/Tips-and-Tricks。

6.6 其他常见的Markdown工具

6.6.1 便签工具——锤子便签

锤子便签算是手机上比较有名的便签工具了，它支持简单的 Markdown 语法，主要应用在文字的排版上。

在使用时，通过右上角的下拉列表，切换至【Markdown 模式】即可；在编辑时，输入法上方会显示一排快速输入工具。

当使用图片形式分享时，Markdown 格式的内容会被渲染，而以文字形式分享或发送邮件发送的都是源码。如下图所示，左边是以图片形式进行分享，右边是发送邮件时的情况。

6.6.2 日记软件——DayOne

DayOne 应该是在 Mac 和 iOS 设备上最受欢迎也最好用的日记软件了。它能够在新建日记时自动记录各种比较隐私的信息，如时间、位置、天气等，然后可以通过这些信息或自定义的标签筛选过往的日记。另外 DayOne 还支持使用 Markdown 对日记进行排版，使用方法与在线文档相同，通过“标记符号 + 空格”插入和渲染 Markdown 格式。

DayOne 支持的 Markdown 格式主要有标题、加粗、斜体、有序列表、无序列表、任务列表（ [] + 空格）、引用、代码块（行首输入``` + 空格）和分隔线等，其效果如下图所示。

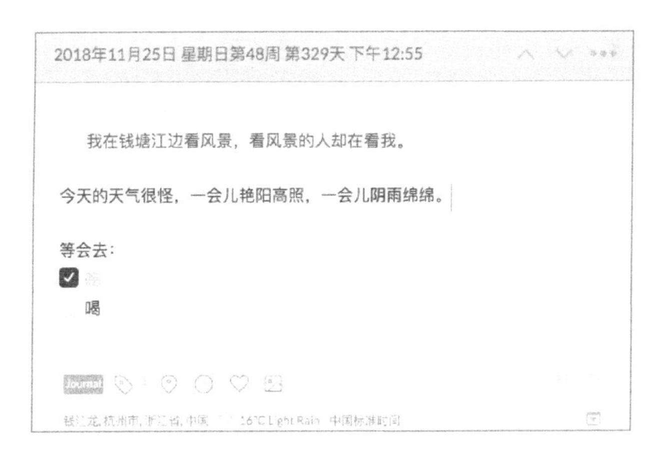

6.6.3 交互式文档工具

相较于普通的文档，交互式文档最大的不同就是，文档中的代码是可执行的。普通文档插入代码后，代码是“死”的，但交互式文档会执行代码，并显示代码的执行结果。

想像一下，当你在学习一门编程语言或写技术文章时，只要在文档中输入代码，结果就会直接显示出来，如果代码有变动，结果也会随即改变，这样一来，就再也不用在 IDE 和文档之间来回切换，复制/粘贴了。

交互式文档应用最广泛的领域是技术写作、数据分析和机器学习，目前最流行的两个工具是 Jupyter Notebook 和 R Markdown。

1. Jupyter Notebook

Jupyter Notebook 是一个 Web 交互式文档工具，它使用 Markdown 编写文本，有着类似于 Typora 的所见即所得的功能，不过它的所见即所得还包括代码的即时运行。Jupyter Notebook 可以在文档中直接编写和运行代码（支持 40 多种编程语言），并即时显示运行结果，是集写作、编程及运行于一体的交互式文档工具。

从名字上看 Jupyter 是 Julia、Python 和 R 的组合，这 3 种语言是数据分析和机器学习领域非常重要的编程语言，那么，Jupyter 的意义也就不言而喻了。由于能完整地展现文本、公式、代码及代码运行的整个过程，目前 Jupyter Notebook 已经成为技术写作、数据分析和机器学习方面必备的编辑工具。

a）安装和启动

Jupyter Notebook 的安装方法可访问：https://jupyter.readthedocs.io/en/latest/install.html。页面上方为 Jupyter Notebook 的简要说明，下方为安装及环境要求。

在终端启动 Jupyter Notebook 的命令是 jupyter notebook。然后浏览器会自动打开 http://localhost:8888/tree，如果没有自动打开，请自已输入该网页地址。

小提示：默认端口是 8888，如果要指定端口，需要加上--port，例如 jupyter notebook --port=6666。

b）创建文档

在 Jupyter Notebook 首页上单击右上角的【New】→【Python 3】→进入文档编辑界面（内核是 Python 3），如下图所示。

小提示：Jupyter Notebook 默认只安装了 Python 3 的内核，如果想要安装其他内核请参考 https://github.com/jupyter/jupyter/wiki/Jupyter-kernels。

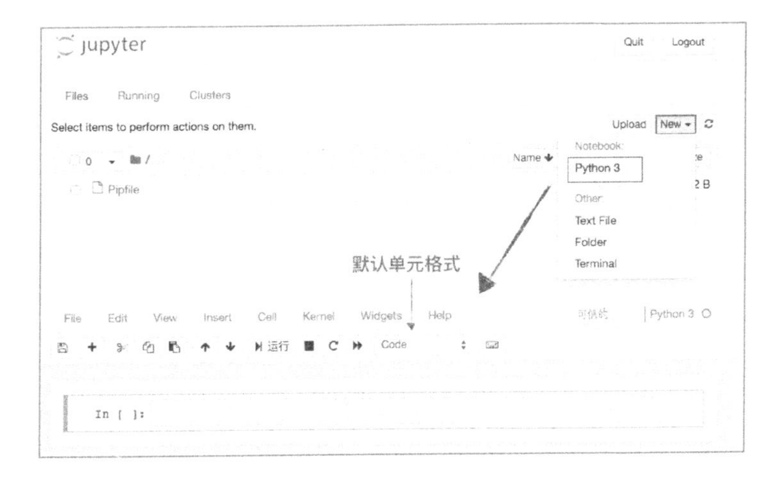

c）单元类型

Jupyter Notebook 文档是由一系列“单元”组成的，这些“单元”主要分为两类——Markdown 文本和代码。它们都可以通过 Shift + Enter 组合键进行渲染和执行，Markdown 单元会直接显示渲染后的效果，代码单元会在其下面显示执行后的结果。单元的默认格式是代码（Code），可以通过工具栏进行切换。

在 Markdown 单元中使用 Markdown 标记来格式化文本，支持 GFM 语法，可直接显示渲染效果。如下图所示，左边是 Markdown 文本，右边则是渲染后的文本。

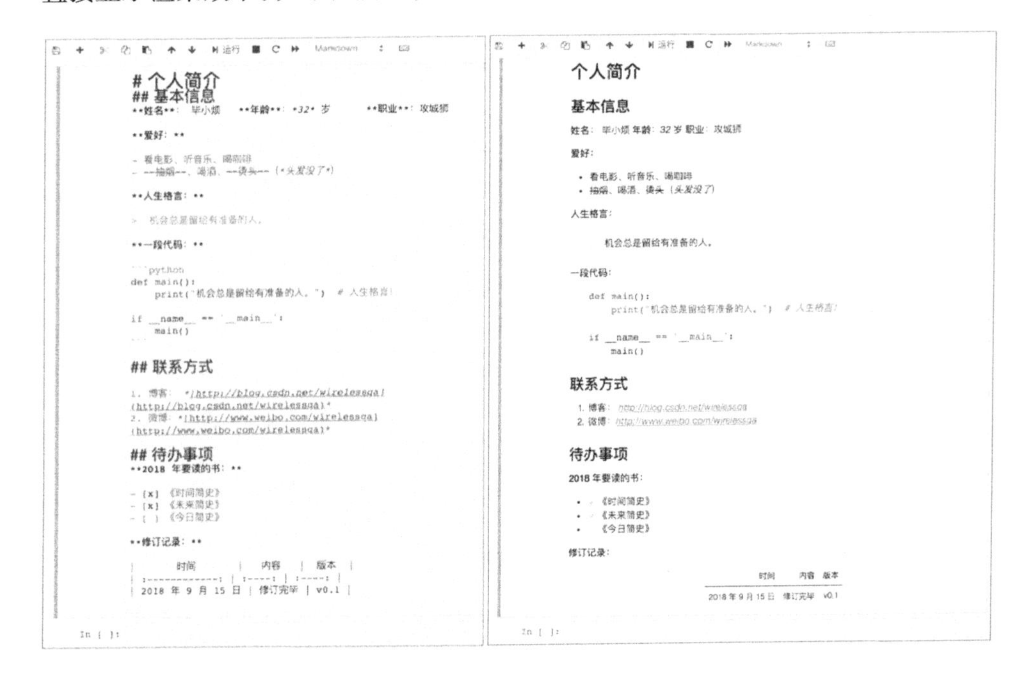

代码单元用于编写代码（要与内核相匹配），支持代码高亮，可直接显示运行结果。如下图所示，In [2]和 In [3]右边的单元中是源代码，最下边是代码运行后的结果。

```
In [2]: def main():
            print("机会总是留给有准备的人。")  # 人生格言!

        if __name__ == '__main__':
            main()

        机会总是留给有准备的人。

In [3]: for i in range(5):
            print(i)

        0
        1
        2
        3
        4

In [ ]:
```

d）导出文档

Jupyter Notebook 可通过【菜单栏】→【File】→【Download as】导出 HTML、Markdown、PDF、reveal.js 幻灯片、reStructuredText、LaTeX 等多种格式的文档。

例如，要导出 reveal.js 幻灯片，需要先打开单元的幻灯片工具栏：【菜单栏】→【View】→【Cell Toolbar】→【幻灯片】，然后为每一个单元设置幻灯片类型。

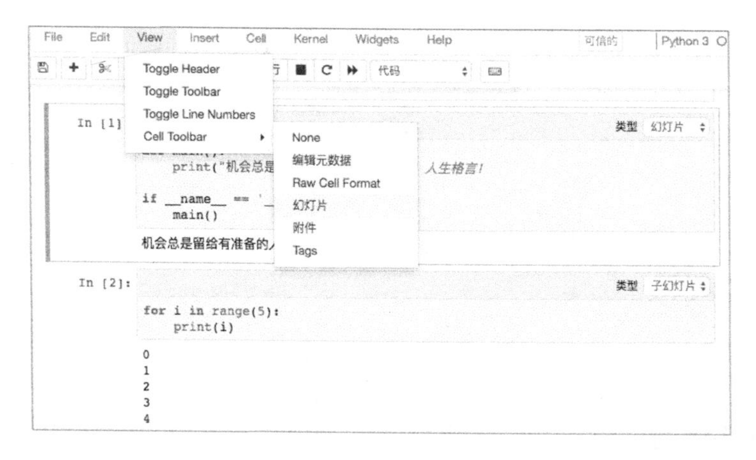

e）更多内容

更多关于 Jupyter Notebook 的内容请参考其开源地址：https://github.com/jupyter/notebook 和官方文档 https://jupyter-notebook.readthedocs.io/en/stable/。

2. R Markdown

R Markdown，顾名思义就是在 Markdown 中通过 R 语言实现交互式文档（现在也支持 Python、Bash、SQL 等常用语言），在数据分析领域有着举足轻重的地位。

a）创建文档

使用 R Markdown 前需要先安装 R 语言和 RStudio 编辑器，然后在 RStudio 中通过【菜单栏】→【File】→【New】→【R Markdown...】来新建文档（如果是首次使用会先安装 rmarkdown 包），然后会弹出 R Markdown 类型选择窗口，如下图所示。

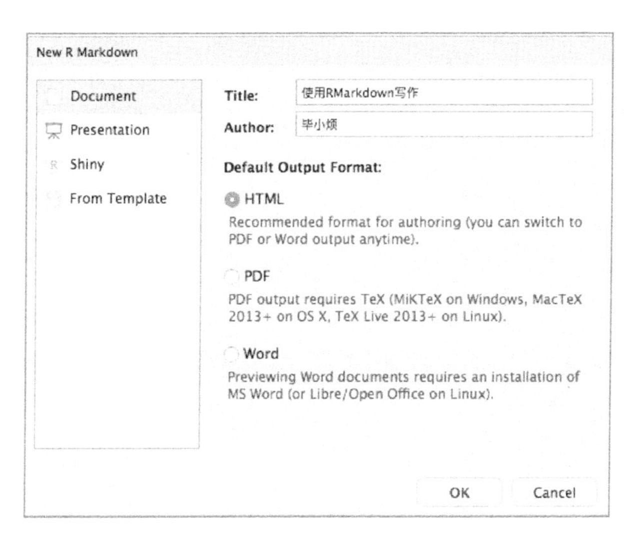

文档类型介绍如下。

1）Document：普通文档，可创建 HTML、PDF 和 Word 格式的文档，推荐选择 HTML 格式，因为 HTML 格式的文档可以随时切换成 PDF 文档或 Word 文档。

2）Presentation：幻灯片，可创建 HTML 和 PDF 格式的幻灯片。

3）Shiny：交互式文档，可创建交互式文档和交互式幻灯片。

4）From Template：通过模板创建文档。

在本示例中，我们选择【Document】→【HTML】→【OK】来创建文档，如下图所示。

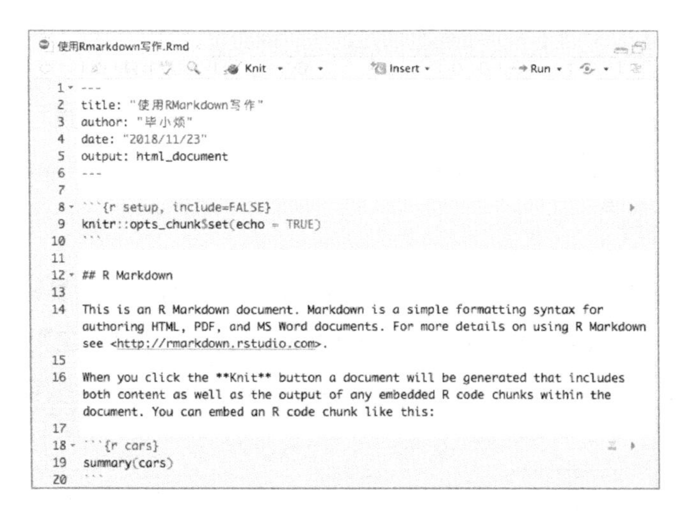

b）导出文档

单击【Knit】会渲染 Markdown 文本并执行文档中所有的 R 代码，并把结果追加到代码之后，然后导出 HTML（因为我们之前选择的是 HTML）文档。

前面提到过，HTML 格式的文档可以随时切换成 PDF 文档或 Word 文档，可以通过【Knit】右边的下拉菜单进行切换，如下图所示。

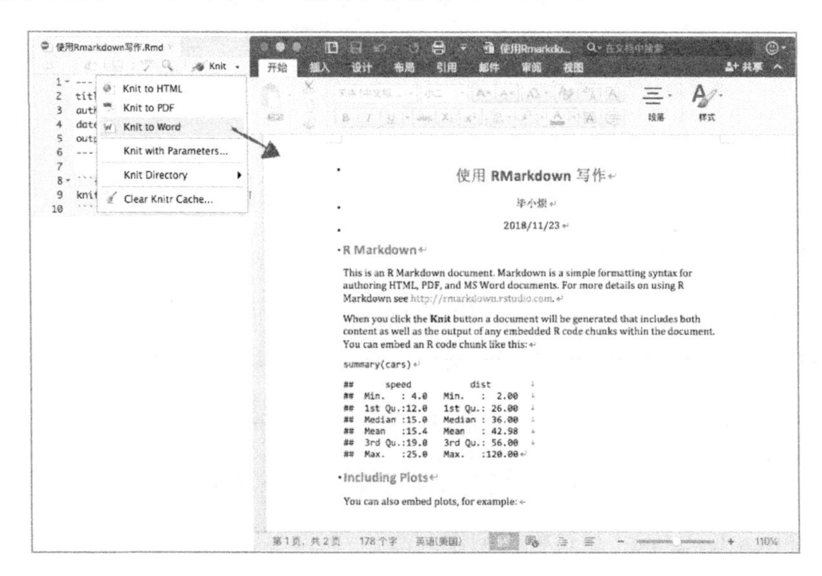

小提示：如果要导出 PDF 或 Word 格式的文档需要安装对应的工具，在新建 R Markdown 时或导出报错时会有相关的提示。

c）插入代码

在 R Markdown 中，可以通过工具栏上的【Inset】插入代码块，目前支持的语言有 R、Bash、Python、Rcpp、SQL、Stan，代码格式如下。

````
```{r cars}
summary(cars)
```
````

在默认情况下，文档中的代码是未执行的，我们可以选择执行一个代码块或所有代码，执行代码的所有操作可以通过工具栏上【Run】的下拉列表查看。

d）更多内容

更多关于 R Markdown 的内容请参考官方文档 https://rmarkdown.rstudio.com/ 或 R Markdown 权威指南 https://bookdown.org/yihui/rmarkdown/。

6.6.4 网页编写工具——md-page

Markdown 文档是可以通过工具转换成 HTML 文档的，不过这里要经历一次转换，以后若有修改，还得再次进行转换。能否直接使用 Markdown 来编写网页，而不需要转换呢？可以使用 md-page 这个项目。

项目地址：https://github.com/oscarmorrison/md-page。

在添加 md-page.js 这个依赖以后，就可以直接使用 Markdown 来写一些简单的网页了，无须转换格式，直接双击文档即可浏览。具体步骤如下。

STEP 1，使用任意编辑器（推荐 VS Code）新建一个 HTML 文件，如 my.html。

STEP 2，在 my.html 的顶部添加所依赖的 JS 脚本。

```
<script
src="https://rawcdn.githack.com/oscarmorrison/md-page/master/md-page
.js">
</script>
<noscript>
```

注意：由于网络原因，这个脚本加载起来可能会比较慢，从而严重影响渲染效果。建议从 md-page 项目中下载 md-page.js 到本地，并与 my.html 放在同一个目录中，然后像下面这样使用。

```
<script src="./md-page.js"></script><noscript>
```

STEP 3，使用 Markdown 编写页面内容。

现在，就可以使用最熟悉的 Markdown 来编写页面内容了，编写完成后双击 my.html 即可查看页面效果。如下图所示，左边是源码，右边是页面效果。

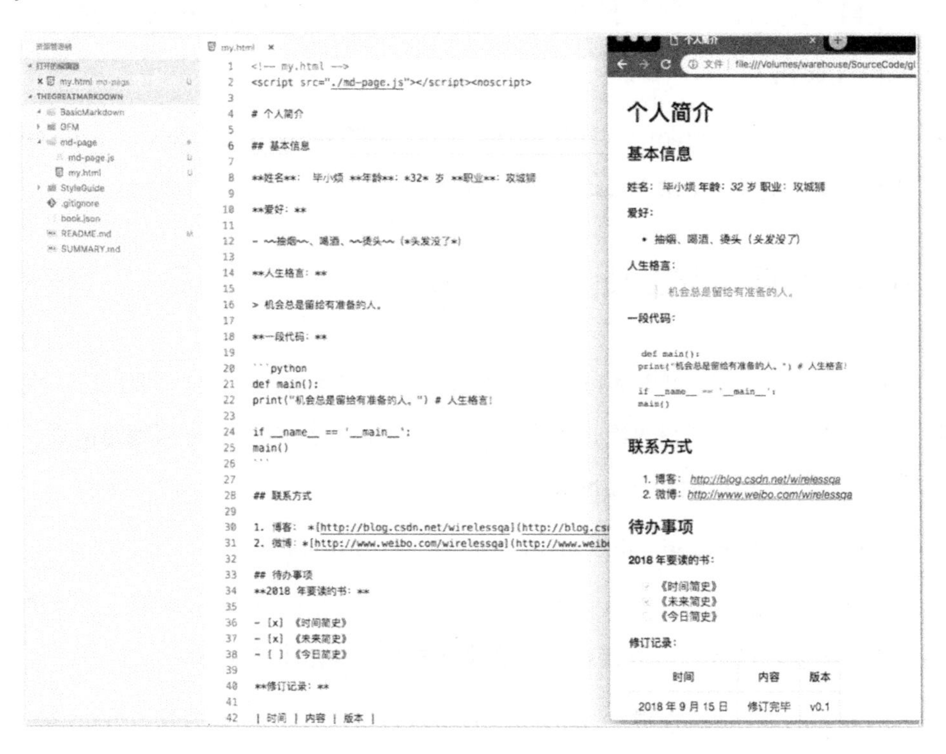

6.6.5 项目文档写作工具

1. MkDocs

MkDocs 是一款用 Python 开发的静态站点生成器，它可以快速地创建项目文档。文档的源码使用 Markdown 编写，配置文件使用 YAML 编写，能够一键编译成静态站点，使用起来非常方便。

由于很多开源的项目文档都使用 MkDocs 编写，如 Google 的 python-fire，因此我们有必要学习一下。

a）环境配置

安装 MkDocs，命令如下。

```
pip install mkdocs
```

查看 MkDocs 版本，如下所示。

```
$ mkdocs -V
mkdocs, version 1.0.4
```

b）创建项目

```
# STEP 1，创建一个新的 MkDocs 项目
$ mkdocs new bixiaofan
INFO    -  Creating project directory: bixiaofan
INFO    -  Writing config file: bixiaofan/mkdocs.yml
INFO    -  Writing initial docs: bixiaofan/docs/index.md

# STEP 2， 切换到项目中
$ cd bixiaofan/

# STEP 3，查看项目结构
$ tree
.
├── docs                # 将 markdown 文件存放到 docs 目录下
│   └── index.md
└── mkdocs.yml          # 配置文件

1 directory, 2 files
```

c）启动服务

启动服务的命令是$ mkdocs serve，如下所示。

```
$ mkdocs serve
INFO    -  Building documentation...
INFO    -  Cleaning site directory
[I 181202 12:24:09 server:298] Serving on http://127.0.0.1:8000
[I 181202 12:24:09 handlers:59] Start watching changes
```

```
[I 181202 12:24:09 handlers:61] Start detecting changes
```

然后，在浏览器中打开 http://127.0.0.1:8000，启动效果如下图所示。

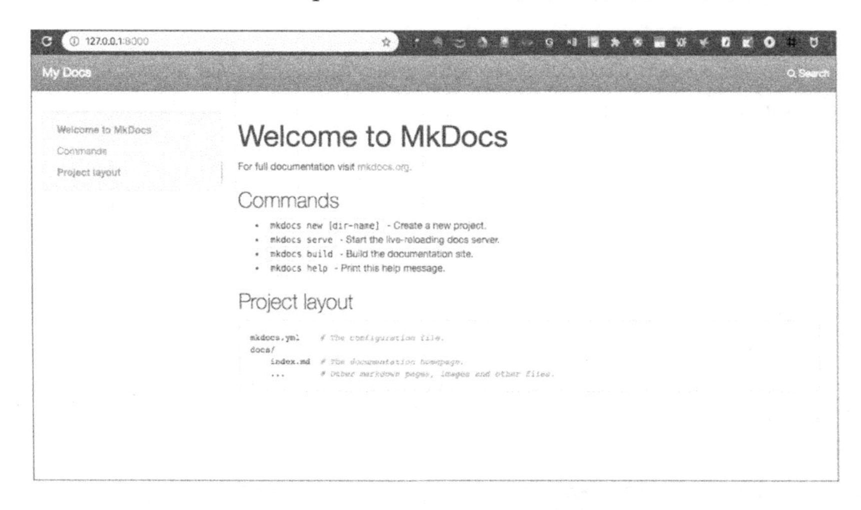

在服务器启动后，如果配置文件、文档目录或主题发生改变，则服务器会自动加载变更的结果并生成新的文档。

d）添加页面

在 MkDocs 中，一个 Markdown 文件被渲染后就是一个页面，因此如果我们想添加页面，就需要先在 docs 目录下添加一个 Markdown 文件，文件的后缀名可以是 md（推荐）、markdown、mdown、mkdn 或 mkd。

添加页面的实例演示如下。

STEP 1，在 docs 目录下添加几个 Markdown 文件，如下所示。

```
├── docs
│   ├── index.md
│   ├── typora.md
│   ├── vscode.md
│   ├── 规范.md
│   ├── 语法.md
│   └── 个人简介.md
└── mkdocs.yml
```

说明：文件夹 docs 的目录结构对应着生成页面的 URL 路径，在本例中，其对应的 URL 如下。

```
http://127.0.0.1:8000/index.md
http://127.0.0.1:8000/typora/
http://127.0.0.1:8000/规范/
......
```

STEP 2，修改配置文件 mkdocs.yml。

```
site_name: 了不起的 Markdown
pages:
- 首页: index.md
- 语法: 语法.md
- 规范: 规范.md
- Typora: typora.md
- VS Code: vscode.md
- 个人简介: 个人简介.md
```

说明如下。

1）site_name 是站点的名称。

2）在 pages 中配置的是导航栏上的页面名称，每一个页面对应一个 Markdown 文件。

站点效果如下图所示。

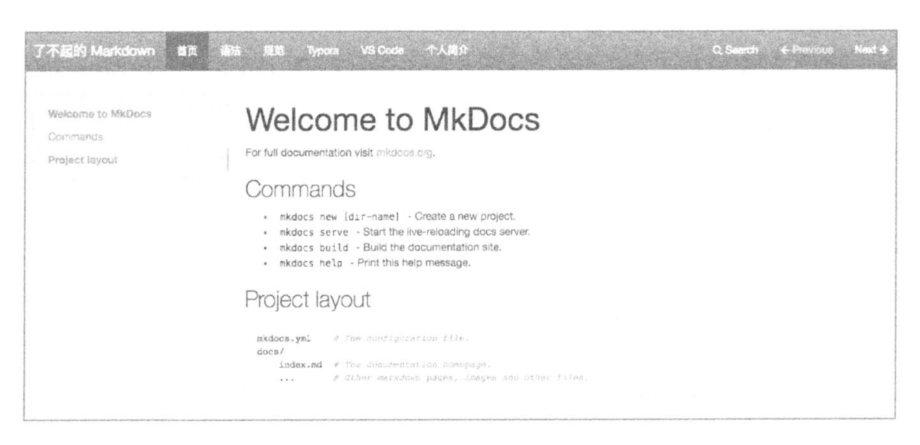

有内容的页面效果如下图所示。

e）配置主题

MkDocs 的主题是可以配置的，默认主题是 mkdocs。

上面例子中的 mkdocs.yml 也可以配置成下面这样。

```
site_name: 了不起的 Markdown
pages:
- 首页: index.md
- 语法: 语法.md
- 规范: 规范.md
- Typora: typora.md
- VS Code: vscode.md
- 个人简介: 个人简介.md

theme: mkdocs
```

如果想切换成别的主题，只要修改 theme 的值就可以了，示例如下。

```
site_name: 了不起的 Markdown
pages:
- 首页: index.md
- 语法: 语法.md
- 规范: 规范.md
- Typora: typora.md
- VS Code: vscode.md
```

```
- 个人简介: 个人简介.md

theme: readthedocs
```

效果如下图所示。

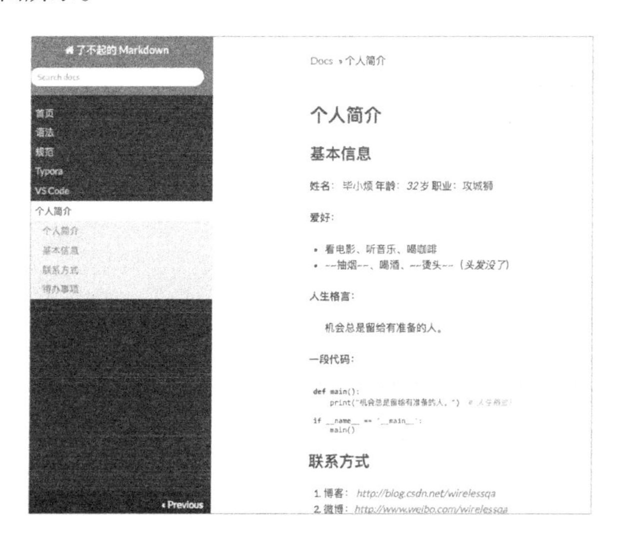

主题分为内置主题、第三方主题和自定义主题，内置主题如上所述，直接配置主题名就可以了。如果是第三方主题，就需要先安装主题再进行配置了，自定义主题需要增添插件、后续操作也稍显复杂，但使用效果并不明显，所以，本文不做介绍。

f）生成站点

如果想发布项目，需要先构建项目，生成一个静态资源站点，构建项目的命令如下。

```
$ mkdocs build
```

更多内容请参考 https://www.mkdocs.org/。

2. VuePress

VuePress 是一个比较新的静态网站生成器，主要用于编写技术文档。它集各家之所长，提供了在 Markdown 文件中使用 Vue 组件的功能，集成了 Google Analytics，以及基于 Git 的“最后更新时间”功能。

VuePress 有完整的中文指南，网址为：https://vuepress.vuejs.org/ zh/guide/。

6.6.6 付费软件

如果不考虑手机端写作，Typora 和 VS Code 这两款免费软件完全可以满足我们的需求（多设备同步通过 Git 实现），不过一些付费软件提供了更专业的服务、更低的使用门槛、更好的用户体验，以及更多的写作平台。

1. 常见付费软件

比较流行的付费 Markdown 软件有下面这几款。

软件	Markdown	适用平台	价格	适用人群
Ulysses	Markdown XL	macOS、iPad、iPhone	28 元/月或 218 元/年	频繁进行文字写作的人
MWeb	GFM	macOS、iPad、iPhone	128 元	技术写作人员
Bear	简化了一些 Markdown 语法，兼容标准语法	macOS、iPad、iPhone	10 元/月或 103 元/年	文艺青年
MarkdownPad	GFM	Windows	14.95 美元	Windows 用户
CMD Markdown	GFM	Web、Linux、macOS、Windows	99 元/年	热爱 Markdown 的人

目前付费的 Markdown 软件中最有名的应该是 Ulysses、MWeb 和 Bear（熊掌记）了，它们都是苹果体系产品，都支持 Mac、iPad、iPhone 设备。

其中最强大也最贵的当属 Ulysses，它比较适合频繁进行文字写作的人，基本上可以满足写作者的一切需求，但是它的 Markdown XL 语法可能会让你觉得不习惯，也不太通用。

最符合国人写作习惯的是 MWeb，它所支持的语法也是最全面的，例如表格和流程图（Ulysses 和 Bear 都不支持），适合写技术文章比较多的人。

最年轻、最简洁、最好看，也是性价比最高的当属 Bear，它在风格上像年轻版的 Ulysses，在电脑和手机端都有非常好的用户体验。这里要重点推荐 Bear。

2. Bear

Bear（熊掌记）是一款非常流行的 Markown 笔记软件，由于极简的设计风格和友好的交互界面，Bear 能够让用户快速上手，然后又爱不释手。

使用 Bear 写笔记，最直观的感受就是舒服。它很好地将 Markdown 和写笔记的需求进行了融合，巧妙地使用标签管理笔记，连新建文件夹都省了；它还提供了 Safari、Chrome、Firefox 和 Opera 浏览器的扩展插件，能够“一键下载文章”，该插件地址为 https://bear.app/faq/Extensions/Browserextensions/。

Bear 基础版可单点使用，支持 Mac、iPad、iPhone 设备；若想多设备同步，则需要使用**付费的高级版本**。

如果你用过 Typora，应该会觉得 Bear 很亲切，它们的界面风格有点像。不过 Bear 在支持 Markdown 实时渲染的同时，又保留了标记符号，这样比较方便查看和修改，在这一点上，如果你习惯了 Typora，可能会觉得有点别扭。

关于 Bear 你需要知道如下几点。

1）Bear 支持“文件”（插入文件）和“标记”（高亮选中的内容）语法，虽然它们在 Bear 中用起来很方便，但在其他 Markdown 工具中这两个功能并不常见，所以使用时要考虑其兼容性。

2）不支持表格、目录、流程图、甘特图、数学公式及各种图表。

3）不支持大纲视图，如果文章比较长，查看会不太方便。

4）可直接在 Bear 中粘贴剪切版中的图片。

5）若有未执行完的待办事项，会在左边导航栏的【待办事项】中显示，在笔记的标题上会显示“待办事项”的整体进度。

6）使用两个方括号包裹笔记名是可以链接笔记的，例如[[笔记名]]，在输入 [[+ 空格之后，Bear 会给出补全信息。

a）标记符号

Bear 简单化了“文本格式”的标记符号，但同时也提供了标准格式的兼容模式，可以到偏好设置中开启【兼容 Markdown 兼容模式】。如下图所示，左边是开启兼容模式后的标准格式，右边是简化格式。

H1	# 1 号标题	⌥⌘1	H1	# 1 号标题	⌥⌘1
H2	## 2 号标题	⌥⌘2	H2	## 2 号标题	⌥⌘2
H3	### 3 号标题	⌥⌘3	H3	### 3 号标题	⌥⌘3
	--- 行分隔符	⌥⌘S		--- 行分隔符	⌥⌘S
B	**粗体**	⌘B	B	*粗体*	⌘B
i	*斜体*	⌘I	i	/斜体/	⌘I
U	~下划线~	⌘U	U	_下划线_	⌘U
S	~~删除线~~	⇧⌘E	S	-删除线-	⇧⌘E
	[链接标题](Url)	⌘K		[链接标题](Url)	⌘K
	* 列表	⌘L		* 列表	⌘L
	1. 排序列表	⇧⌘L		1. 排序列表	⇧⌘L
	> 引用	⇧⌘U		> 引用	⇧⌘U
	- [ ] 待办事项	⌘T		- 待办事项	⌘T
</>	\`代码\`	⌥⌘C	</>	\`代码\`	⌥⌘C
	\`\`\`代码块\`\`\`	^⌘C		\`\`\`代码块\`\`\`	^⌘C
	::标记::	⇧⌘M		::标记::	⇧⌘M
	[文件]	⇧⌘V		[文件]	⇧⌘V

b）调整排版样式

在排版方面，Bear 可以在偏好设置中调节字体大小、行高、行宽和段落间距，如下图所示。

c）使用标签整理笔记

在 Bear 中，可以使用标签归类整理笔记。标签可以放置在笔记中的任何地方，只需要使用#号包裹起来即可，Bear 还会自动识别常见标签并添加相应的图标。

例如，单个标签使用#包裹。

```
#笔记# #运动# #日记# #报告# #食谱# #旅游# #哈哈#
```

效果如下图所示。

又如，多级标签用 / 来分隔。

```
#2018/一月/一周#
```

效果如下图所示。

d）手机端写作

使用 Bear 在手机端写作与在电脑上写作有同样好的体验。

6.7 本章小结

本章介绍了很多专业的 Markdown 工具，以帮助读者更好地应对日常写作，了解了这些，在什么样的场景使用什么样的工具，相信你已经胸有成竹了。

第 7 章

我的地盘我做主

为什么要拥有自己的独立博客？

从小老师就告诉我们“好记性不如烂笔头”。做过的事情，解决过的问题，需要有一个地方记录下来，记录的过程也是一个“复盘”的过程，这会有助于我们理清一件事情的来龙去脉，加深对某一件事情或某个问题的理解程度。

如果把这些内容变成文章分享出去，也许会帮助更多的人，顺便还能够提升个人的影响力。

所以拥有自己的博客对于分享经验、表达观点、建立“个人品牌”都非常重要。而想要更自由地表达自己的观点，避免受一些“平台广告、会员权限、内容审核”等问题的困扰，就更需要我们拥有自己独立的博客了，我的地盘我做主嘛！

那么如何才能拥有自己独立的博客呢？

Hexo 是一个理想的解决方案。

Hexo 是一个快速、简洁且高效的博客框架工具。它可以把 Markdown 文档快速解析成静态页面，并支持各种漂亮的主题。所以我们可以使用熟悉的 Markdown 来写文章（编辑器可以随便选），然后通过 Hexo 把文章转换成静态页面，再把这些静态页面托管到 GitHub 上，然后绑定一个自己喜欢的域名，个人博客就搭建完成了。

本章我们就来介绍一下如何使用 Hexo + GitHub Page 来搭建个人博客。

7.1 搭建本地写作环境

7.1.1 环境配置

使用 Hexo 必需要安装 Node.js 和 Git，安装方法请参考附录。

安装 Hexo，命令如下。

```
npm install hexo-cli -g
```

7.1.2 创建项目

创建项目的示例代码如下。

```
# 1.创建并初始化博客项目
$ hexo init myblog

# 2.切换到项目中
$ cd myblog

# 3.安装依赖
$ npm install
```

7.1.3 本地预览

生成静态网站，并在本地预览，示例代码如下。

```
# 1.生成的静态网站
# 将网站资源放在 public 目录下，相当于执行了 hexo generate
$ hexo g

# 查看目录结构
$ tree -L 1
.
```

```
├── _config.yml         # 网站配置文件
├── db.json
├── node_modules
├── package-lock.json
├── package.json        # 应用程序信息
├── public              # 静态站点存放于此
├── scaffolds           # 模板文件夹，在新建文章时会使用此文件夹下的文件作为模板
├── source              # 存放用户资源的地方
├── themes              # 主题
└── yarn.lock

# 2.启动服务，本地预览，相当于执行了 hexo server
$ hexo s
INFO  Start processing
INFO  Hexo is running at http://localhost:4000/. Press Ctrl+C to stop.
```

打开 http://localhost:4000/，效果如下图所示。

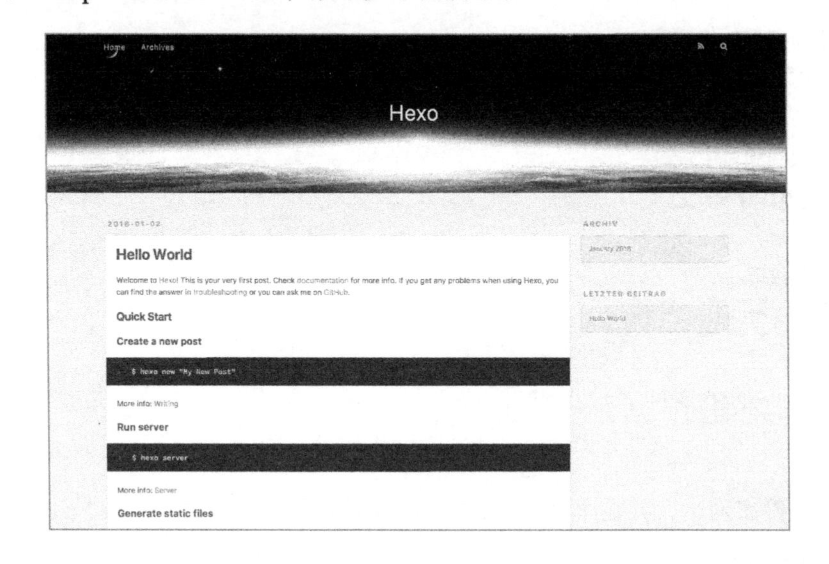

7.1.4 新建文章

STEP 1，新建一篇名为 test 的文章。

```
$ hexo new test
INFO  Created: /Volumes/warehouse/myblog/source/_posts/test.md
```

注意：新建文章默认会放到 source/_posts/目录下。文件的后缀默认为 md，新建时只需指定文件名即可。

STEP 2，查看 test.md。

```
$ cat source/_posts/test.md
---
title: test
date: 2018-01-02 19:40:10
tags:
---
```

STEP 3，编辑 test.md，添加【## 我是用来测试的】。

```
$ cat source/_posts/test.md
---
title: test
date: 2018-01-02 19:40:10
tags:
---

## 我是用来测试的

$ hexo g
$ hexo s
```

STEP 4，打开 http://localhost:4000/，效果如下图所示。

2018-01-02

test

我是用来测试的

2018-01-02

Hello World

Welcome to Hexo! This is your very first post. Check documentation for more info. If you get any problems when using Hexo, you can find the answer in troubleshooting or you can ask me on GitHub.

Quick Start

Create a new post

7.2 创建GitHub Pages

GitHub Pages 是一个静态网站托管服务工具，很多人使用 GitHub Pages 来搭建博客，因为它的空间免费而且性能稳定，网上也有很多实践案例，所以这里强烈推荐 GitHub Pages。

如何创建自己的 GitHub Page 呢？

STEP 1，在 GitHub 上创建一个仓库。

打开 https://github.com/new，在【Repository name】框中输入[username.github.io]，然后单击【Create repository】创建一个新的仓库。

注意： *username 是你的 GitHub 用户名。*

如下图所示。

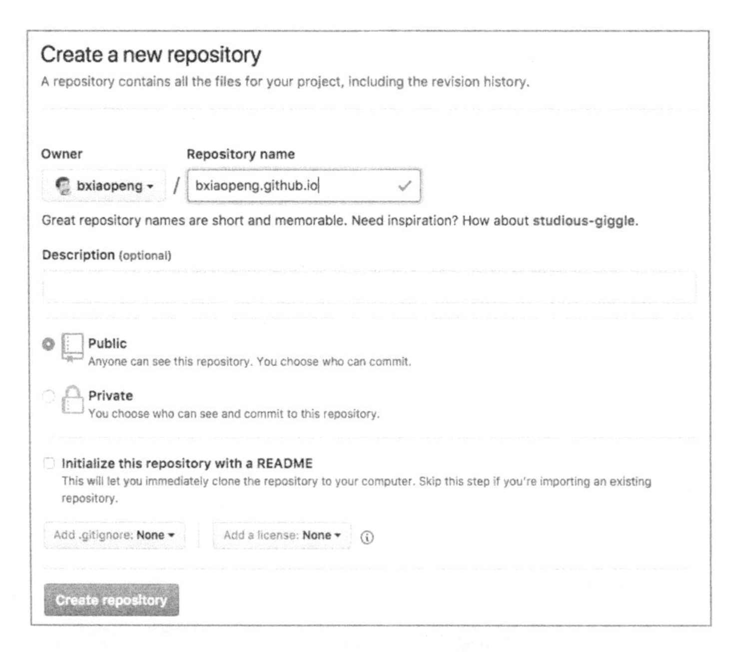

目前仓库中还没有内容，当我们把静态网站推送到 GitHub 之后，就可以通过 http://bxiaopeng.github.io/来访问网站了。

STEP 2，把 Hexo 生成的静态网站推送到 GitHub 上。

首先，修改_config.xml，示例如下。

```
deploy:
  type: git
  repo: https://github.com/bxiaopeng/bxiaopeng.github.io.git
  branch: master
```

注意，在实际应用时，repo 的值要改成你自己的仓库地址。

然后，执行部署命令。

```
# 执行部署命令
$ hexo d
ERROR Deployer not found: git

# 如果报上面的错误，则需要安装一个插件 hexo-deployer-git
$ npm install hexo-deployer-git --save
+ hexo-deployer-git@0.3.1
added 16 packages in 8.573s

# 再次部署
$ hexo d
INFO  Deploying: git
INFO  Clearing .deploy_git folder...
INFO  Copying files from public folder...
INFO  Copying files from extend dirs...
On branch master
nothing to commit, working tree clean
To https://github.com/bxiaopeng/bxiaopeng.github.io.git
 + 7a3e722...0f2a5c0 HEAD -> master (forced update)
Branch master set up to track remote branch master from
https://github.com/bxiaopeng/bxiaopeng.github.io.git.
INFO  Deploy done: git
```

至此，Hexo 生成的静态网站就被推送到了我们前面在 GitHub 新建的仓库中。

打开 http://bxiaopeng.github.io/查看效果，如下图所示。

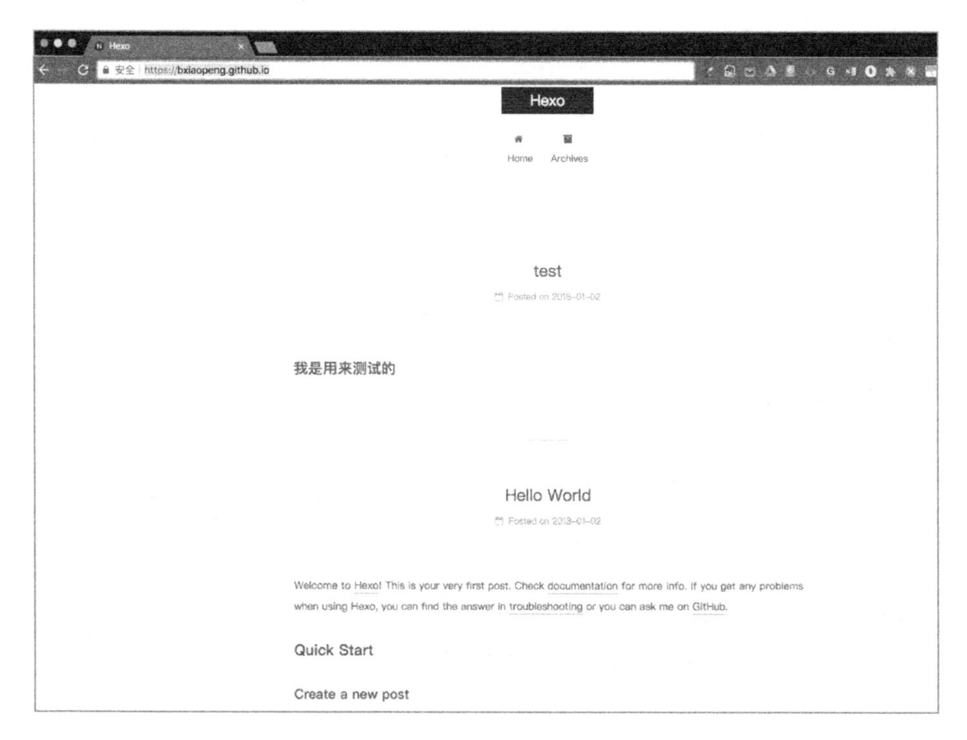

注意：现在博客的访问地址是 github.io 的子域名，并不是你自己的独立域名。独立域名相当于个人名片，使用独立域名更便于记忆，它的注册申请很简单，这里不再赘述。下面我们以阿里云为例，介绍如何绑定自己的域名。

7.3 绑定自己的域名

7.3.1 添加域名解析

添加域名解析的操作步骤如下。

登录阿里云→进入【控制台】→进入【域名】→选择【域名列表】→在【全部域名】中单击你的域名→进入域名基本信息页面→单击【域名解析】进入域名解析页面，如下图所示。

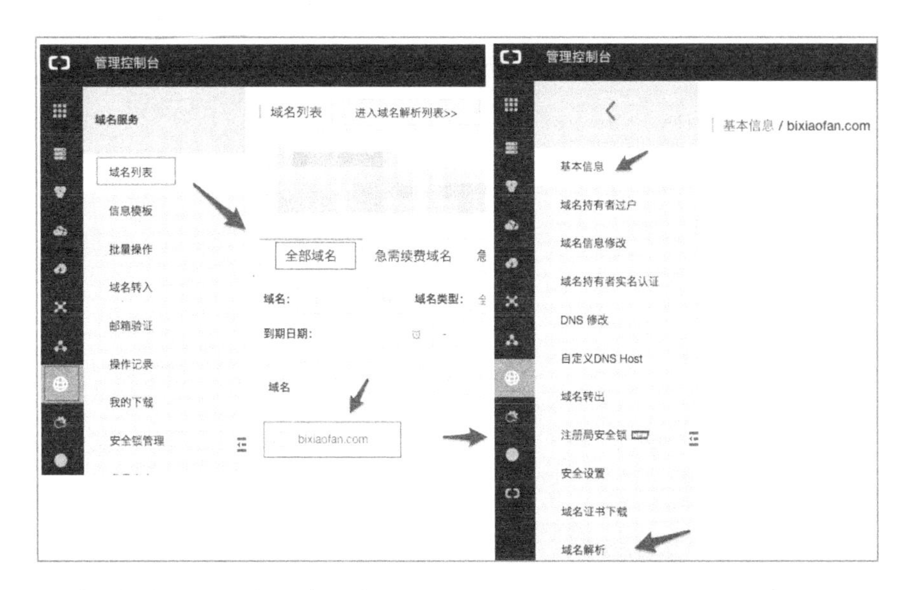

在域名解析页面添加两条解析记录，如下图所示。

记录 1

修改解析

记录类型: A - 将域名指向一个IPV4地址

主机记录: @ .bixiaofan.com

解析线路: 默认

记录值: 151.101.73.147

TTL值: 10 分钟

确认　取消

注意：【记录值】通过在终端执行 ping xx.github.io 来获得。

记录 2

注意：【记录值】要改成你自己的 GitHub Page 地址。

在阿里云上添加解析记录后，就要回到本地操作环境中去绑定域名了。

7.3.2 绑定独立域名

绑定域名的操作步骤如下。

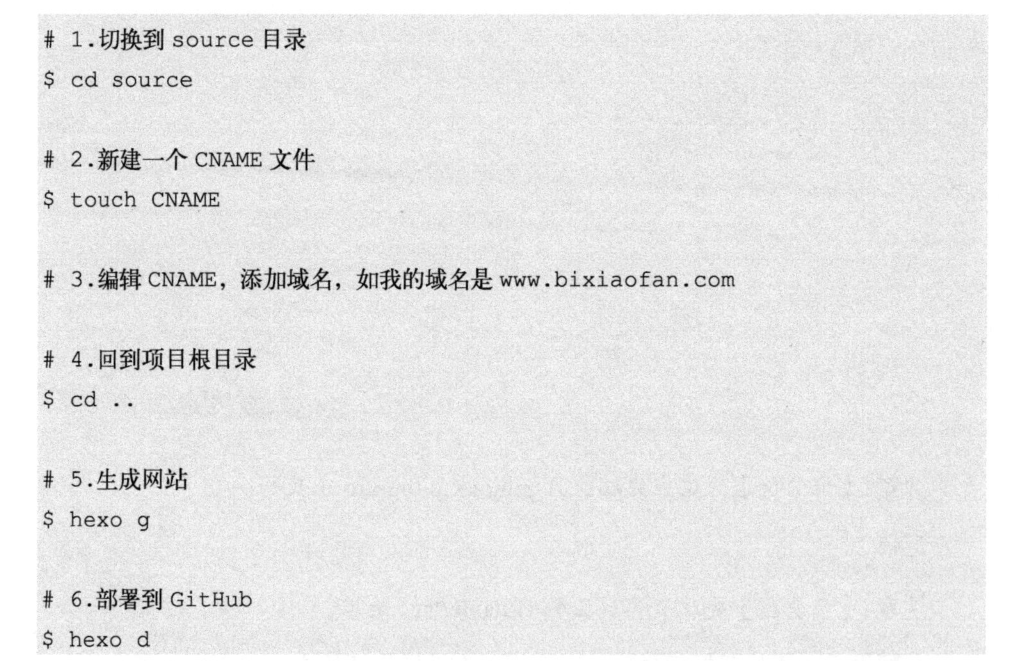

```
# 1.切换到 source 目录
$ cd source

# 2.新建一个 CNAME 文件
$ touch CNAME

# 3.编辑 CNAME，添加域名，如我的域名是 www.bixiaofan.com

# 4.回到项目根目录
$ cd ..

# 5.生成网站
$ hexo g

# 6.部署到 GitHub
$ hexo d
```

等待一段时间后，打开 www.bixiaofan.com（所设置的独立域名）就可以正常查看页面了。

7.4 使用NexT主题

Hexo 有很多漂亮的主题，这些主题可以极大地简化操作，增强博客的功能，给我们带来更好的使用体验。

NexT 是一款非常流行的主题，下面我们就以 NexT 为例，介绍如何安装和使用 Hexo 主题。其项目地址为 https://github.com/theme-next/hexo-theme-next。

7.4.1 安装主题

Hexo 安装主题的方式非常简单，只需要将主题文件复制到站点目录的 themes 目录下，然后修改一下配置文件即可。使用命令行的方式如下。

```
STEP 1，下载代码
$ git clone https://github.com/theme-next/hexo-theme-next.git themes/next
$ cd themes/hexo-theme-next
$ git tag -l
v6.0.0
v6.0.1

STEP 2，切换到你想要的分支，如 v6.0.1
$ git checkout tags/v6.0.1

STEP 3，打开_config.yml，配置 theme:hexo-theme-next

STEP 4，本地预览

# 4.1 生成静态网站
$ hexo g --debug
# 4.2 开启 debug 模式
$ hexo s -debug

STEP 5，如果预览没有问题，则使用 hexo d 直接部署到 GitHub 即可
```

7.4.2 更新主题

更新主题的命令如下。

```
$ cd themes/next
$ git pull
```

7.4.3 主题配置

如果想进一步配置 NexT 主题，请参考配置文档地址 http://theme-next.iissnan.com/getting-started.html。NexT 的配置文档全面、清晰且非常容易理解，所有配置只需要照着文档一步一步做就可以了。

7.4.4 新建页面

导航栏上的菜单对应的是一个一个页面，但这些默认的内容可能满足不了我们的需求，不过我们可以灵活定制页面。下面就简单介绍一下如何新增及设置导航栏上的页面。

1. 新增导航栏页面

如果要新增导航栏上的页面，需要在主题配置文件 themes/hexo-theme-next/_config.yml 中搜索 menu，在 menu 中配置对应的导航栏选项，示例如下。

```
menu:
  home: / || home
  about: /about/ || user
  tags: /tags/ || tags
  categories: /categories/ || th
  archives: /archives/ || archive
```

与英文对应的中文要在 hexo-theme-next/languages/zh-Hans.yml 中进行匹配，例如下面这些。

```
menu:
  home: 首页
  about: 关于
  tags: 标签
  categories: 分类
  archives: 归档
```

2. 新建页面

在默认情况下，在导航栏上分类（categories）、标签（tags）、关于（about）等页面都是没有的，那么如何新建呢？方法是在项目根目录下，执行如下命令。

```
# 创建【分类】页面
$ hexo new page categories
INFO  Created: myblog/source/categories/index.md

# 创建【标签】页面
$ hexo new page tags
INFO  Created: myblog/source/tags/index.md

# 创建【关于】页面
$ hexo new page about
INFO  Created: myblog/source/about/index.md
```

上述页面会被创建在 source/页面/index.md 中，内容如下。

```
title: 页面的名字
date: 2018-01-21 10:45:41
```

3. 禁用评论

如果使用了评论，则默认所有页面都会开启评论模块，如果有些页面我们不需要显示评论，该如何禁用呢？只需要将 comments 设置为 false 即可，示例如下。

```
title：页面的名字
date：2018-01-21 10:45:41
comments：false
```

4. 指定页面类型

type 字段用来指定页面类型，示例如下。

```
title: tags
date: 2018-01-21 10:45:41
type: "tags"
comments: false
```

7.5 开始写作吧

至此，环境搭建好了，主题也配置好了，接下来我们就可以专心写作了。

7.5.1 创建文章并熟悉布局

1. 新建一篇文章

新建文章的命令如下所示。

```
$ hexo new [布局] <文章标题>
```

例如新建“第 1 篇文章”，示例代码如下。

```
$ hexo new 第 1 篇文章
INFO  Created: myblog/source/_posts/第 1 篇文章.md
$ cat source/_posts/第 1 篇文章.md
---
title: 第 1 篇文章
date: 2018-01-21 11:49:16
tags:
---
```

_posts 指的是默认布局，“第 1 篇文章”是文件名和标题。

小提示：在默认情况下，文章的文件名是不会带上创建日期的，如果我们想在文件名之前带上创建日期，需要这样设置：打开网站中的 config.yml 文件，搜索“newpostname”，并将其设置为 newpost_name: :year-:month-:day-:title.md。

再新建文章时，就变成了如下所示的格式。

```
$ hexo new 第 2 篇文章
INFO  Created: myblog/source/_posts/2018-01-21-第 2 篇文章.md
```

说到布局，布局是什么？我们可以把布局理解为不同类型的 Markdown 文件，Hexo 支持 3 种类型的布局，具体如下所示。

布局	说明	存放路径
文章	用于发布的文章	source/_posts
页面	导航栏上的类目	source
草稿	还未完成的草稿	source/_drafts

2. 新建一篇草稿

新建一篇草稿的命令如下所示。

```
$ hexo new draft 第 1 篇草稿
INFO  Created: myblog/source/_drafts/第 1 篇草稿.md
```

创建的草稿被存放在了_drafts 目录下，查看草稿的命令如下。

```
$ cat source/_drafts/第 1 篇草稿.md
---
title: 第 1 篇草稿
tags:
---
```

注意：草稿是没有创建日期的。

如果草稿写完了，该如何正式发布呢？这个时候就需要用到 publish 了，其命令如下所示。

```
$ hexo publish _drafts 第 1 篇草稿
INFO  Published: myblog/source/_posts/第 1 篇草稿.md
```

新建页面的方法在前面已经介绍过了，这里不再赘述。

7.5.2　使用写作模板

同一类型的文章尽量使用模板，这可以让我们的文章风格保持统一，也能够节省时间。Hexo 默认提供了 3 种写作模板，分别对应了 3 种布局。

这 3 种模板被存放在了 scaffolds（脚手架）目录下，查看这 3 种写作模板的命令如下。

```
$ tree scaffolds/
scaffolds/
├── draft.md
├── page.md
└── post.md
```

查看默认的文章模板，命令如下。

```
$ cat scaffolds/post.md
---
title: {{ title }}
date: {{ date }}
tags:
---
```

使用--- ---包裹的内容叫 Front-matter，里面的参数 title、date、tags 用于指定文件中的变量；使用双括号{{ }}包裹的部分是 Hexo 自动生成的值，如果值为空，则需要我们去填写。

下面来修改一下 post.md 模板。

```
title: {{ title }}
date: {{ date }}
updated: {{ date }}
tags:
categories:
comments: true
```

说明：从上到下依次为 title（文章标题）、date（创建日期）、updated（更新日期）、tags（标签）、categories（分类）、comments（是否开启评论，默认为 true）。

修改完成后，再次新建文章。

```
$ hexo new 第 3 篇文章
INFO  Created: myblog/source/_posts/2018-01-21-第 3 篇文章.md
```

查看文章，显示 Front-matter 已经改变。

```
$ cat source/_posts/2018-01-21-第 3 篇文章.md
---
title: 第 3 篇文章
comments: true
date: 2018-01-21 12:44:22
updated: 2018-01-21 12:44:22
tags:
categories:
---
```

一篇文章可能有多个标签和分类，格式如下。

```
---
title: 第 3 篇文章
comments: true
date: 2018-01-21 12:44:22
updated: 2018-01-21 12:44:22
tags:
- 标签 1
- 标签 2
categories:
- 分类 1
- 分类 2
---
```

如果没有特别指定，在默认情况下，Hexo 使用 scaffolds/post.md 模板新建文章，如果想指定某个模板来新建文章，可以执行如下命令。

```
$ hexo new [模板名] <文章名>
```

7.6　本章小结

本章向大家介绍了如何使用 Hexo + GitHub Page 来搭建自己的个人博客。如果从头到尾跟着做了一遍，相信你已经熟悉了 Hexo 的整个工作流程，如果想更深入地了解 Hexo，请参考官方文档 https://hexo.io/zh-cn/docs/。

第8章 自由地写作——GitBook

在如今这样开放的互联网时代，每个人都可以是一个独立的品牌，可以表达自己的观点，也可以写一本自己的书。豆瓣阅读、百度阅读、网易云阅读、简书、知乎等平台都提供了很好的创作环境，可是它们也都有一定的门槛，那如何才能自由地、无门槛地进行写作呢？GitBook 为我们提供了这种可能。

小提示：本书所提及的 GitBook 在没有特殊说明的情况下，均是指 GitBook 命令行工具。由于 www.gitbook.com 在国内访问体验较差，因此不多作介绍。

本章将向大家介绍如何使用 GitBook 这个现代写书工具进行写作。

8.1 你好，GitBook

GitBook 命令行工具是基于 Node.js 开发的，通过命令行可以创建、编辑和管理电子书。GitBook 是目前最流行的开源书籍写作工具，其在写作方面主要有以下几点优势。

1）支持 Markdown 和 AsciiDoc 语法。

2）支持多语言，支持变量、模板和模板继承。

3）可以导出静态站点或电子书（支持 PDF、ePub、mobi 等格式）。

4）有丰富的插件。

5）可以使用 Git 管理写作内容，方便多人协作和版本管理。

6）可以将内容托管在 GitHub 或 Gitlab 中。

使用 GitBook 可以搭建公司内部文档，用于内部的资料共享；也可以发布开源电子书，用于在互联网上分享知识。

8.1.1　环境配置

安装 GitBook 前需要先安装 Node.js（具体请参考附录），然后再通过命令来安装 GitBook，GitBook 的安装命令如下所示。

```
npm install gitbook-cli -g
```

8.1.2　快速开始

1. 创建静态站点

先通过一个例子来快速了解 GitBook 的工作流程。

第 1 步，初始化工作目录。

```
# 首先，创建 mygitbook 文件夹，并切换到这个文件夹下面，命令如下
~$ mkdir mygitbook && cd mygitbook

# 然后，初始化 GitBook 工作目录，创建必要的文件
~$ gitbook init
warn: no summary file in this book
info: create README.md
info: create SUMMARY.md
info: initialization is finished
```

根据上述代码，初始化完成后会创建两个 md 格式的文件。

1）README.md：用于编写书籍的前言或介绍。

2）SUMMARY.md：用于配置书籍的目录结构。

第 2 步：定义目录结构。

在 SUMMARY.md 文件中定义书籍的目录结构，主要有两种方法。

方法❶：先定义好目录结构，再通过 gitbook init 命令自动生成目录结构对应的文件夹和 Markdown 文件。

方法❷：先创建好文件夹和 Markdown 文件再来编辑目录结构。

这里我们使用方法❶，在 SUMMARY.md 中定义书籍的目录结构，示例如下。

```
#  SUMMARY

* [项目简介](README.md)
* [快速开始](docs/快速开始.md)
* [环境搭建](docs/环境搭建.md)
* [简单使用](docs/简单使用.md)
* [学入学习](docs/深入学习)
```

然后在项目根目录下执行如下命令。

```
gitbook init
```

所有不存在的文件夹和文件都会被新建出来。

```
info: create docs/快速开始.md
info: create docs/环境搭建.md
info: create docs/简单使用.md
info: create docs/深入学习.md
info: create SUMMARY.md
info: initialization is finished
```

注意：gitbook init 只支持生成两级目录。

第 3 步：启动服务，在项目根目录下执行如下命令。

```
gitbook serve
```

输出结果如下所示。

```
Live reload server started on port: 35729
Press CTRL+C to quit ...

info: 7 plugins are installed
info: loading plugin "livereload"... OK
```

```
info: loading plugin "highlight"... OK
info: loading plugin "search"... OK
info: loading plugin "lunr"... OK
info: loading plugin "sharing"... OK
info: loading plugin "fontsettings"... OK
info: loading plugin "theme-default"... OK
info: found 5 pages
info: found 0 asset files
info: >> generation finished with success in 1.9s !

Starting server ...
Serving book on http://localhost:4000 # 注意浏览地址
```

执行 gitbook serve 命令后，会先执行 gitbook build 编译书籍，如果编译没有问题，就会打开一个 Web 服务器，默认监听 4000 端口。如果编译有问题，则会抛出错误信息。

第 4 步：查看效果，用浏览器打开 http://localhost:4000/查看书籍站点的显示效果，如下图所示。

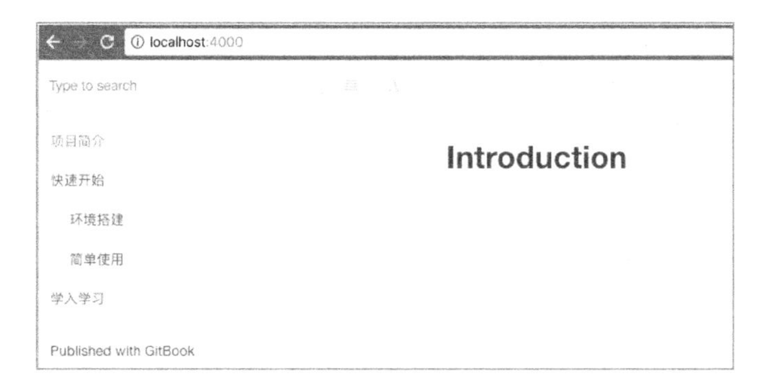

2. 开始写作

笔者推荐的写作工具组合是：GitBook（书籍管理）+ Typora（编辑器）+ SourceTree（版本控制），对于编写和管理电子书来说，这是一种非常高效的组合。当然，使用 VS Code 也是一个不错的选择。

本书的第 3 章和第 4 章已经介绍过 Typora 和 VS Code。而 SourceTree 是一款 Git 可视化管理工具，如果你熟悉 Git，那么 SourceTree 是很容易快速上手的，关于 SourceTree 的更多内容可以参考 https://www.sourcetreeapp.com/。

3. 发布电子书

GitBook 不仅可以生成静态网站，也可以生成 3 种格式（即 ePub、mobi、PDF）的电子书。

例如生成 PDF 格式的电子书，命令如下所示。

```
gitbook pdf ./ ./mygitbook.pdf
```

4. 发布上线

如果想要开源，可以把书籍托管到 GitHub 上，然后绑定自己的域名。一个比较好的例子是 https://github.com/rootsongjc/kubernetes-handbook。

8.2 配置GitBook

8.2.1 GitBook 的项目结构

在开始之前，先了解一下 GitBook 的项目结构，基本的结构示例如下。

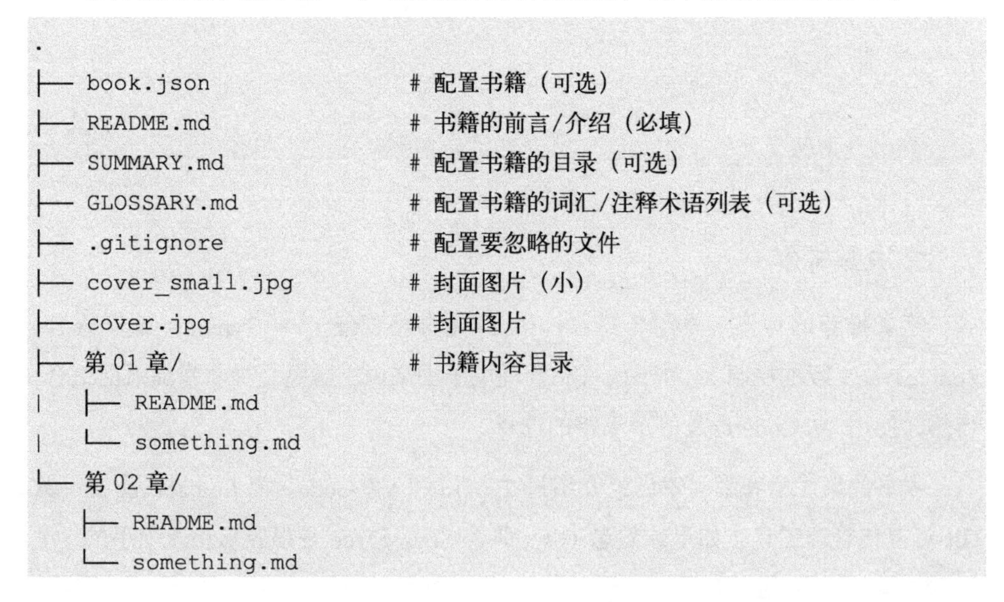

```
.
├── book.json                # 配置书籍（可选）
├── README.md                # 书籍的前言/介绍（必填）
├── SUMMARY.md               # 配置书籍的目录（可选）
├── GLOSSARY.md              # 配置书籍的词汇/注释术语列表（可选）
├── .gitignore               # 配置要忽略的文件
├── cover_small.jpg          # 封面图片（小）
├── cover.jpg                # 封面图片
├── 第 01 章/                # 书籍内容目录
|   ├── README.md
|   └── something.md
└── 第 02 章/
    ├── README.md
    └── something.md
```

多语言的 GitBook 项目结构示例如下。

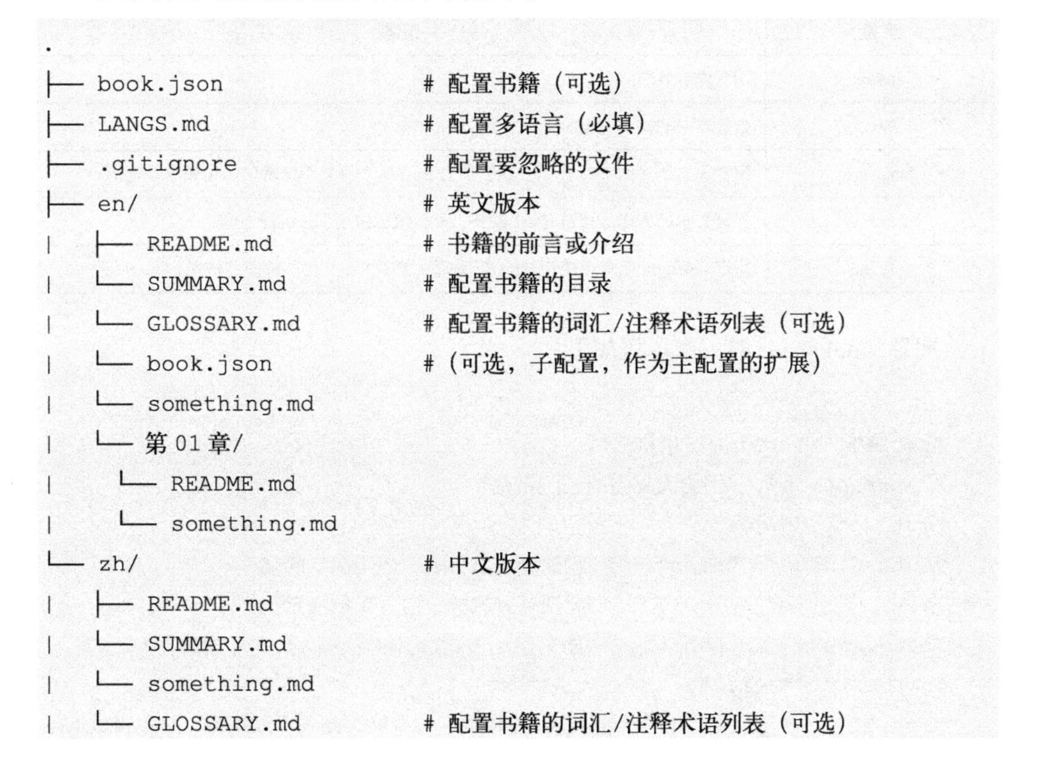

```
.
├── book.json                    # 配置书籍（可选）
├── LANGS.md                     # 配置多语言（必填）
├── .gitignore                   # 配置要忽略的文件
├── en/                          # 英文版本
|   ├── README.md                # 书籍的前言或介绍
|   └── SUMMARY.md               # 配置书籍的目录
|   └── GLOSSARY.md              # 配置书籍的词汇/注释术语列表（可选）
|   └── book.json                #（可选，子配置，作为主配置的扩展）
|   └── something.md
|   └── 第 01 章/
|     └── README.md
|     └── something.md
└── zh/                          # 中文版本
|   ├── README.md
|   └── SUMMARY.md
|   └── something.md
|   └── GLOSSARY.md              # 配置书籍的词汇/注释术语列表（可选）
```

1. 配置项目结构

book.json 是全局配置文件，可以自定义项目的根目录、自述文件、摘要、词汇表、多语言等文件的文件名。

在 book.json 中可配置的变量如下。

变量	描述
root	配置书籍的根目录，默认值是当前目录
structure	配置自述文件、摘要、词汇表的文件名
title	配置书名，如果不配置，则默认从自述文件 README 第 1 段中提取
description	配置书籍的描述，如果不配置，则默认从自述文件中提取

续表

变量	描述
author	配置作者姓名
isbn	配置本书的国际码 ISBN
language	配置本书语言的 ISO 代码，默认值为 en。这个值是用来做国际化和本地化的
direction	配置文本的方向。可以是 rtl 或 ltr，默认值取决于 language 的值
gitbook	指定 GitBook 版本。使用 SemVer 规范，接受“>=3.0.0”这样的格式

配置 book.json 的一个示例如下。

```
{
   "title": "GitBook 实用指南",
   "description": "写给大家看的入门指南",
   "author": "毕小烦",
   "output.name": "site",   //构建输出文件名，使用默认的就好
                            //此项可以删掉，这里仅做演示
   "language": "zh-hans",   //英文:en；中文简体:zh-hans；中文繁体:zh
   "gitbook": "3.2.2",
   "root": ".", // 根目录为当前目录,使用默认的就好，此项可以删掉，这里仅做演示
}
```

a）自定义根目录和文件名

在 GitBook 项目中，默认所有文件都是从根目录开始查找的，如果想自定义根目录，需要在 book.json 中通过 root 指定根目录。例如，将 docs 指定为项目的根目录，如下所示。

```
.
├── book.json
└── docs/ # 指定 docs 为项目的根目录
    ├── README.md
    └── SUMMARY.md
在 book.json 中配置 root：
{
   "root": "./docs"
}
```

除 root 变量之外，还可以自定义 GitBook 的自述文件、摘要、词汇表和语言文件的名称，这些文件必须在书籍的根目录（或每种语言图书的根目录）下。自述文件、摘要、词汇表和语言文件的默认设置见下表。

变量	描述
structure.readme	自述文件名（默认为 README.md）
structure.summary	摘要文件名（默认为 SUMMARY.md）
structure.glossary	词汇表文件名（默认为 GLOSSARY.md）
structure.languages	语言文件名（默认为 LANGS.md）

也可以自定义文件名和摘要。

```
{
    "structure": {
        "readme": "myIntroduction.md",
        "summary":"mySummary.md"
    }
}
```

小提示：为了避免出现更多错误，建议使用默认配置。

b）配置链接

如果搭建的是内部文档，右上角的分享链接（如下图所示）就没必要出现了，那该怎么关闭呢？

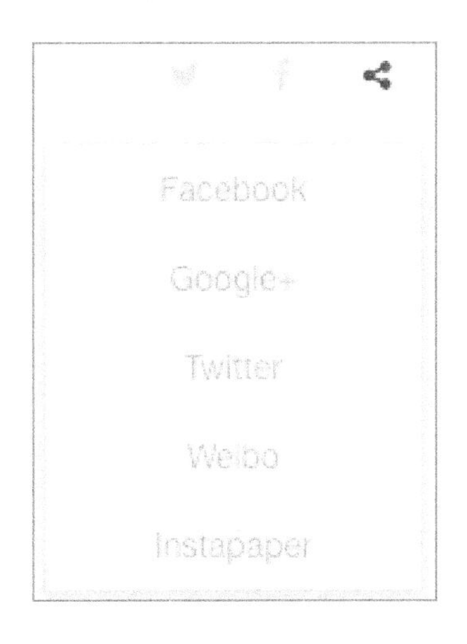

关闭分享链接的示例代码如下。

```
{
    "links": {
        "sharing": {
            "google": false,
            "facebook": false,
            "twitter": false,
            "weibo":false,
            "all": false
        }
    }
}
```

如果要在导航栏配置一些链接，其示例代码如下。

```
{
    "links": {
        "sidebar": {
            "我的博客": "http://blog.csdn.net/wirelessqa",
            "我的微博": "http://www.weibo.com/wirelessqa"
        }
    }
}
```

效果如下图所示。

c）配置插件

在 book.json 中配置插件，与之相关的变量见下表。

变量	描述
plugins	配置插件列表
pluginsConfig	配置插件属性

配置插件的示例代码如下。

```
{
    "plugins": [
        "插件名","另一个插件名"
    ],
    "pluginsConfig": {
        "插件名": {
            "插件属性 A": true,
            "插件属性 B": "test"
        }
    }
```

d）自定义 PDF 文档的输出格式

在 book.json 中定制输出 PDF 格式的文档，与之相关的变量见下表。

变量	描述
pdf.pageNumbers	将页码添加到每个页面的底部（默认为 true）
pdf.fontSize	基本字体大小（默认为 12）
pdf.fontFamily	基本字体系列（默认为 Arial）
pdf.paperSize	纸张尺寸，选项是 a0、a1、a2、a3、a4、a5、a6、b0、b1、b2、b3、b4、b5、b6、legal、letter（默认为 a4）
pdf.margin.top	上边距（默认是 56）
pdf.margin.bottom	下边距（默认是 56）
pdf.margin.right	右边距（默认是 62）
pdf.margin.left	左边距（默认是 62）

定制 PDF 文档输出格式的示例代码如下。

```
{
    "pdf": {
```

```
        "pageNumbers": false,
        "fontSize": 12,
        "paperSize": "a4",
        "margin": {
            "right": 62,
            "left": 62,
            "top": 36,
            "bottom": 36
        }
    }
}
```

e）配置全局变量

GitBook 的变量分为预定义变量和自定义变量，变量在 GitBook 构建时会被替换。自定义变量又分为全局变量和局部变量，全局变量在 book.json 中定义，局部变量在文件中定义。

book.json 中自定义全局变量的格式如下。

```
{
    "variables": {
        "myName": "毕小烦",
        "myWeibo": "www.weibo.com/wirelessqa"
    }
}
```

可以像下面这样引用全局变量。

```
大家好，我的名字叫{{ book.myName }}，我的微博是{{ book["myWeibo"] }}。
```

注意：这里用了两种引用方式，类似 Jinja2（一种模板语言）中的字典引用。

渲染效果如下所示。

```
大家好，我的名字叫毕小烦，我的微博是 www.weibo.com/wirelessqa。
```

f）一个比较通用的 book.json

为了省事，基础配置可以全部使用默认的，然后再定义一些常用的插件就可以了。参考配置如下所示。

```
{
    "title": "GitBook实用指南",                //标题
    "description": "写给大家看的入门指南", //描述
    "author": "毕小烦",                         //作者
    "output.name": "site",                     //输出目录名
    "language": "cn",                          //语言
    "gitbook": "3.2.2",                        //GitBook版本
    "root": ".",                               //根目录
     "structure": {
        "readme": "myIntroduction.md",     //自述文件，默认是README.md
        "summary":"mySummary.md"           //目录文件，默认是SUMMARY.md
    },
    "links": {
        "sidebar": {
            "Home": "http://blog.csdn.net/wirelessqa"
        }
    },
    "plugins": [
        "atoc"
    ],
    "pluginsConfig": {
        "atoc": {
            "addClass": true,
            "className": "atoc"
        }
    }
```

2. 配置目录

a）基本用法

在 SUMMARY.md 文件中定义书籍的目录结构，格式为链接列表，链接的标题将被作为章节的标题，链接所指向的目标是该章节所对应的文件的路径；如果向父章节添加嵌套列表，则会创建子章节。

举个例子，首先在 SUMMARY.md 中做如下定义。

```
# 目录

* [前言] (README.md)
* [第一部分] (第一部分/README.md)
  * [李白] (第一部分/李白.md)
  * [杜甫] (第一部分/杜甫.md)
* [第二部分] (第二部分/README.md)
  * [白居易] (第二部分/白居易.md)
  * [王维] (第二部分/王维.md)
```

其结构说明如下图所示。

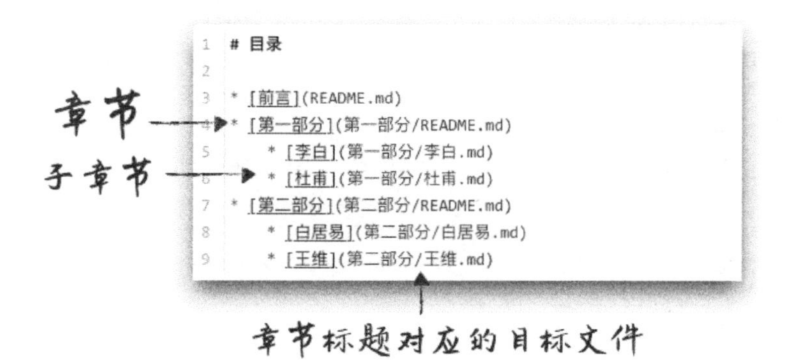

注意：每个章节都有一个 README.md，用来对子章节进行描述。

然后使用 gitbook init 命令来创建目录中定义的这些文件。

```
$ gitbook init
info: create 第一部分/李白.md
info: create 第一部分/杜甫.md
info: create 第二部分/README.md
info: create 第二部分/白居易.md
info: create 第二部分/王维.md
info: create SUMMARY.md
info: initialization is finished
```

再使用 gitbook serve 命令启动服务，效果如下图所示。

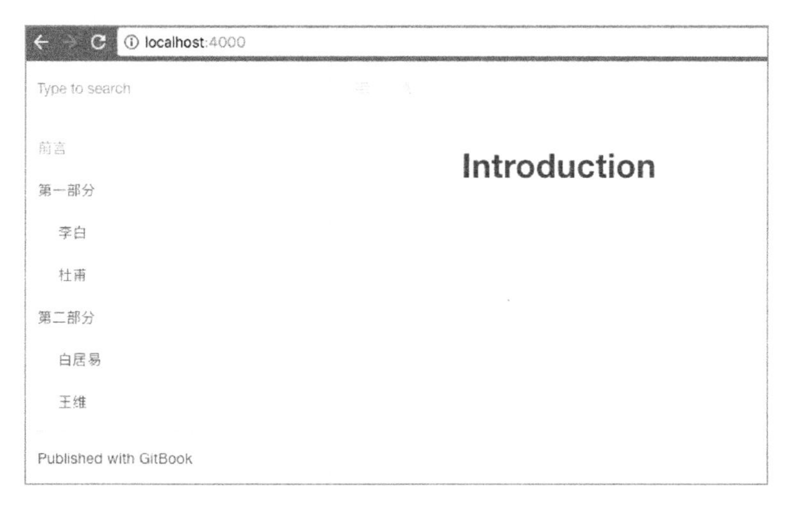

b）链接到标题

当用鼠标单击目录时，可以打开页面并定位到指定的标题上，这个功能可以通过锚点来实现。

举个例子，在 SUMMARY.md 中做如下定义。

```
# 目录

* [前言](README.md)
* [第一部分](第一部分/README.md)
    * [李白](第一部分/李白.md)
        * [望庐山瀑布](第一部分/李白.md#望庐山瀑布)
    * [杜甫](第一部分/杜甫.md)
* [第二部分](第二部分/README.md)
    * [白居易](第二部分/白居易.md)
    * [王维](第二部分/王维.md)
```

注意：“望庐山瀑布”这个三级目录，单击后会跳转到“李白.md”文件并定位到“望庐山瀑布”。

效果如下图所示。

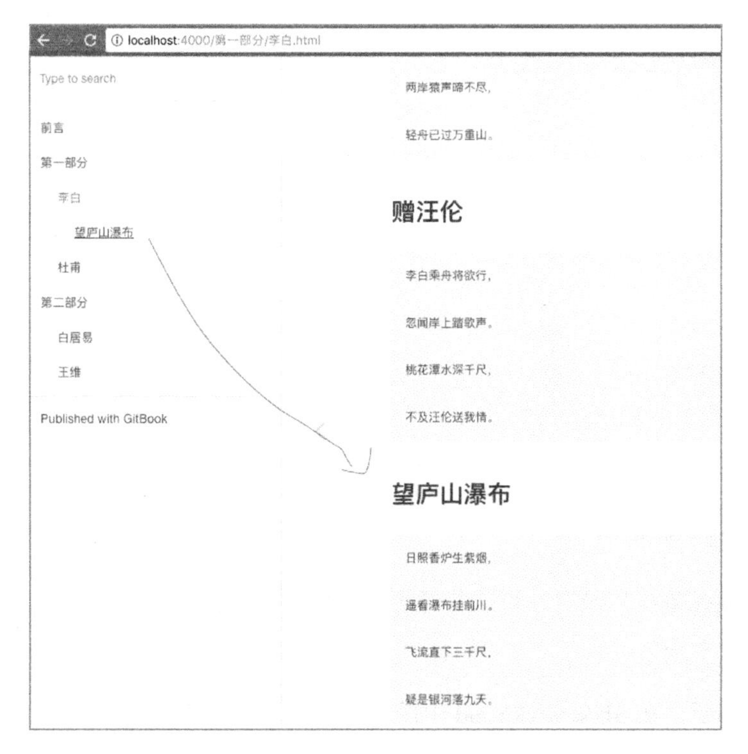

c）分隔章节

章节可以使用标题或水平线进行分隔，示例代码如下。

```
# 目录

* [前言](README.md)

## 第一部分

* [李白](第一部分/李白.md)
    * [望庐山瀑布](第一部分/李白.md#望庐山瀑布)
* [杜甫](第一部分/杜甫.md)

## 第二部分

* [白居易](第二部分/白居易.md)
* [王维](第二部分/王维.md)
```

```
---
* [李商隐](第三部分/李商隐.md)
* [杜牧](第三部分/杜牧.md)
```

注意：用于分隔章节的“标题”没有 README.md，在渲染后会显示成灰色，不可进行单击操作。

效果如下图所示。

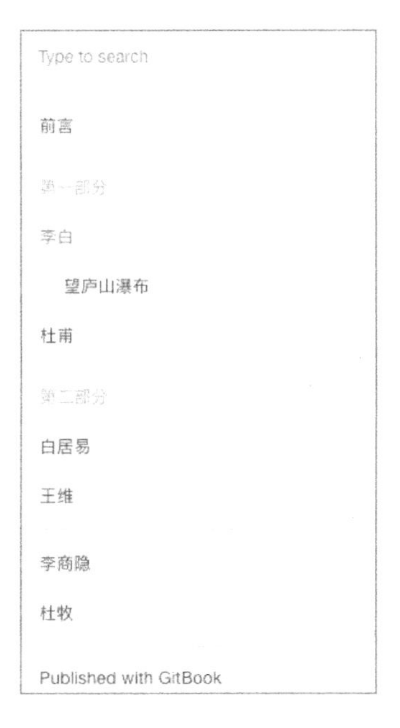

d）显示目录层级序号

如果想要显示目录中章节的层级序号，需要在 book.json 中开启 showLevel，示例代码如下。

```
"pluginsConfig": {
        "theme-default": {
       "showLevel": true
    }
}
```

3. 配置多语言

GitBook 支持用多种语言编写书籍，如果配置了多语言，在打开站点的首页后会看到一个选择语言的页面。

配置多语言在 LANGS.md 中进行，其格式如下。

```
# Languages

* [英语](en/)
* [法语](fr/)
* [中文](zh/)
```

注意：LANGS.md 要被存放在项目的根目录下。

目录结构按语言分类，每种语言都有一个独立的子目录，在目录中遵循单语言的配置规则，示例如下。

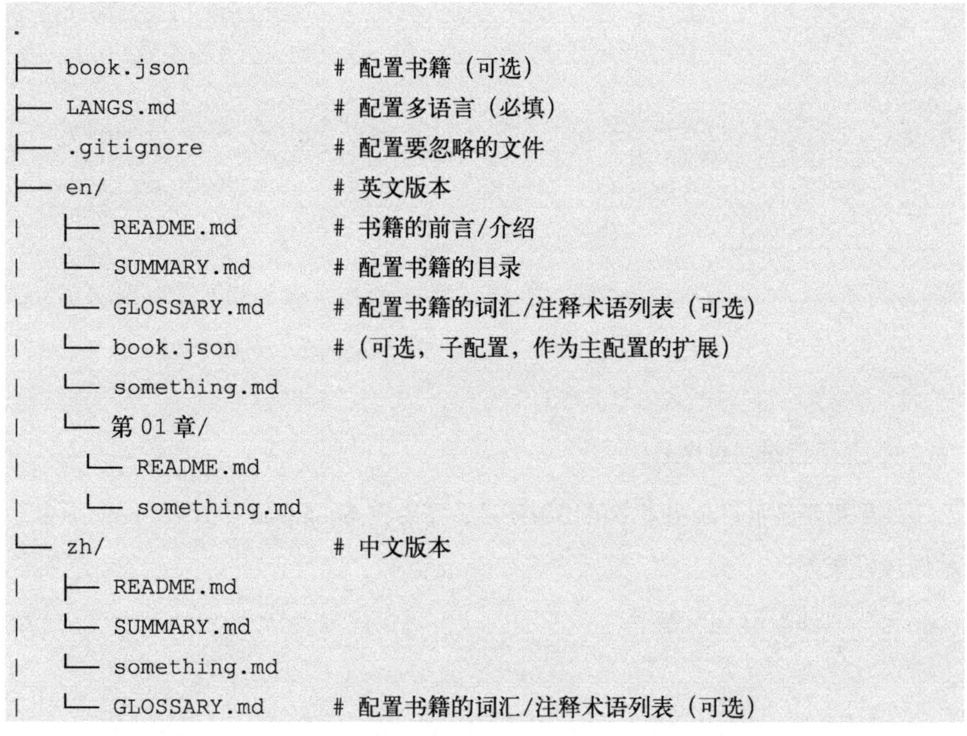

```
.
├── book.json              # 配置书籍（可选）
├── LANGS.md               # 配置多语言（必填）
├── .gitignore             # 配置要忽略的文件
├── en/                    # 英文版本
|   ├── README.md          # 书籍的前言/介绍
|   └── SUMMARY.md         # 配置书籍的目录
|   └── GLOSSARY.md        # 配置书籍的词汇/注释术语列表（可选）
|   └── book.json          #（可选，子配置，作为主配置的扩展）
|   └── something.md
|   └── 第 01 章/
|     └── README.md
|     └── something.md
└── zh/                    # 中文版本
|   ├── README.md
|   └── SUMMARY.md
|   └── something.md
|   └── GLOSSARY.md        # 配置书籍的词汇/注释术语列表（可选）
```

在根目录中有一个 book.json 文件作为主配置，在每种语言的子目录中也可以有一个 book.json 来定义自己的配置，它们将作为主配置的扩展存在。

注意：插件比较特殊，它是全局指定的，无法配置属于某种语言的插件。

GitBook 官方提供了一个完整的例子（https://github.com/GitbookIO/git），如下所示。

```
# 下载源码
$ git clone https://github.com/GitbookIO/git
# 进到 git 目录
$ cd git
# 查看 LANGS.md 文件
$ cat LANGS.md
* [English](en)
* [Deutsch](de)
* [Español](es)
* [Français](fr)

<!--
* [Português](pt-br)
* [Italiano](it)
* [العربية](ar)
* ……省略一部分内容
* [漢語](zh-tw)
* [中文](zh)
-->
```

从 LANGS.md 文件中可以看出，本书只配置了 4 种语言，其他语言都被注释掉了。如果你想使用其他语言，可以自己添加一下。例如可以添加中文，示例代码如下。

```
$ cat LANGS.md
* [English](en)
* [Deutsch](de)
* [Español](es)
* [Français](fr)
* [中文](zh)
<!--省略-->
# 启动服务
$ gitbook serve
Live reload server started on port: 35729
Press CTRL+C to quit ...
```

```
# 解析多语言书籍，用 5 种语言
info: parsing multilingual book, with 5 languages
info: 7 plugins are installed                    # 安装了 7 个插件
info: loading plugin "livereload"... OK     # 加载插件
info: loading plugin "highlight"... OK
info: loading plugin "search"... OK
info: loading plugin "lunr"... OK
info: loading plugin "sharing"... OK
info: loading plugin "fontsettings"... OK
info: loading plugin "theme-default"... OK
info: found 1057 asset files # 发现 1057 个资源文件
info:
info: generating language "en"               # 生成英语
info: found 71 pages                         # 71 个页面
info: found 0 asset files
info:
info: generating language "de"
info: found 72 pages
info: found 0 asset files
warn: search index is too big, indexing is now disabled
info:
info: generating language "es"
info: found 70 pages
info: found 0 asset files
info:
info: generating language "fr"
info: found 71 pages
info: found 0 asset files
info:
info: generating language "zh"               # 生成中文
info: found 71 pages
info: found 0 asset files
info: >> generation finished with success in 86.2s ! # 用了 86.2s

Starting server ...
Serving book on http://localhost:4000
```

打开 http://localhost:4000，选择一门语言来阅读书籍，如下所示。

Choose a language

English　　Deutsch

Español　　Français

中文

4. 配置词汇表

在 GLOSSARY.md 中可以指定词汇及词汇的定义，GitBook 会自动构建索引并在文中突出显示这些词汇。GLOSSARY.md 的格式如下所示。

```
## 术语
在这里描述这个术语的定义

## 另一个术语
术语的定义可以包含粗体和其他所有类型的内嵌式标记……
```

注意：词汇不能是中文。

举个例子，将 GLOSSARY.md 配置为如下所示。

```
## GitBook
是一个使用 Node.js 开发的命令行工具

## GitBookEditor
GitBook 自家的编辑器
```

配置后，在其他页面使用这两个词汇时，它们会被突出显示，如果把鼠标放到上面，则会显示词汇的定义，效果如下图所示。

GitBook

GitBookEditor　是一个使用 Node.js 开发的命令行工具

5. 配置要忽略的文件

GitBook 是通过 Git 进行管理的，一般 IDE 自动产生的文件和编译时产生的文件都是没有必要纳入到版本控制的，因此需要忽略这些文件。

GitBook 会通过读取.gitignore（推荐）、.bookignore 和.ignore 中的配置来获取要忽略的文件，其格式如下。

```
# 以#开头表示这是一个注释，如果想匹配#，则需要在前面加一个转义符号\#

# 忽略文件 test.md
test.md

# 忽略"bin"目录下的所有文件
bin/*

# 忽略所有 node_modules 文件
node_modules

# 忽略所有 HTML 格式的文件
*.html
# test.html 例外，它不被忽略
!test.html
```

如果不知道怎么配置.gitignore，可以参考 https://github.com/github/ gitignore，GitBook.gitignore 的基本配置如下所示。

```
## 忽略.grunt 目录，Grunt 是基于 Node.js 的项目构建工具
.grunt

## 忽略 node_modules 目录，node_modules 是 Node.js 本地安装包所在的目录
node_modules

# 忽略_book 目录，_book 是 Gitbook 构建的输出目录
_book

# 忽略输出的电子书
*.epub
*.mobi
*.pdf
```

8.2.2 不可不知的 GitBook 插件

GitBook 可以通过插件实现自身功能的扩展，一些插件可以让写作和查看书籍变得更加便捷。

1. 插件的安装步骤

STEP 1，找到插件。

由于 GitBook 将重心放在了网站上，原来的插件页面已不存在，我们只能通过搜索引擎或一些推荐找到想要的插件。

STEP 2，配置插件。

在 book.json 中通过 plugins 和 pluginsConfig 字段配置插件名和插件属性。例如，可以配置插件名为“anotherPlugin”。

```
{
    "plugins": ["myPlugin", "anotherPlugin"]
}
```

如果想指定特定的插件版本，则可以将插件名配置为“myPlugin@2.1.1”的样子；如果不指定版本，GitBook 默认会使用最新的。

是否需要配置插件属性（pluginsConfig），以及及如何配置，需要参考对应插件的官方文档。

STEP 3，安装插件。

在项目根目录执行 gitbook install 来安装插件，仅供当前项目使用。

STEP 4，禁用自带插件。

GitBook 默认自带 5 个插件。

1）highlight：代码高亮。

2）search：搜索。

3）sharing：分享。

4）font-settings：字体设置。

5）livereload：实时加载。

这些自带的插件都非常有用，但或许你并不想用它们，禁用方法如下。

```
"plugins": [
    "-search" //在自带插件名前面加上一个 -
]
```

接下来推荐几个不错的插件，供大家参考。

2. 自动生成目录

a）自动生成文章的目录

gitbook-plugin-atoc 是一款自动生成文章导航目录的插件，使用它可以在文章的右上角自动生成悬浮的导航目录，可以快速定位到某一章节，比锚点（书签）用起来方便多了。

❶ 打开 gitbook-plugin-atoc 首页 https://plugins.gitbook.com/plugin/atoc，首页上提示有 book.json 的配置信息，如下所示。

```
{
   "plugins": ["atoc"],
   "pluginsConfig": {
      "atoc": {
         "addClass": true,
         "className": "atoc"
      }
   }
}
```

❷ 把如下代码添加到 book.json 中。

```
{
   "variables": {
      "myName": "毕小烦",
      "myWeibo": "www.weibo.com/wirelessqa"
   },
   "plugins": ["atoc"],
   "pluginsConfig": {
      "atoc": {
         "addClass": true,
         "className": "atoc"
      }
}
}
```

检查 json 格式，地址为 http://tool.oschina.net/codeformat/json，以确保没有语

法错误。

```
{
    "variables": {
        "myName": "毕小烦",
        "myWeibo": "www.weibo.com/wirelessqa"
    },
    "plugins": [
        "atoc"
    ],
    "pluginsConfig": {
        "atoc": {
            "addClass": true,
            "className": "atoc"
        }
    }
}
```

❸ 安装插件，示例如下。

```
$ gitbook install
info: installing 1 plugins using npm@3.9.2
info:
info: installing plugin "atoc"
info: install plugin "atoc" (*) from NPM with version 1.0.1
/Users/bixiaopeng/mygitbook
……省略很多内容
info: >> plugin "atoc" installed with success
```

当安装完成后，在文章的顶部插入下面的字符。

```
<!-- toc -->
```

❹ 启动 server，查看渲染效果。

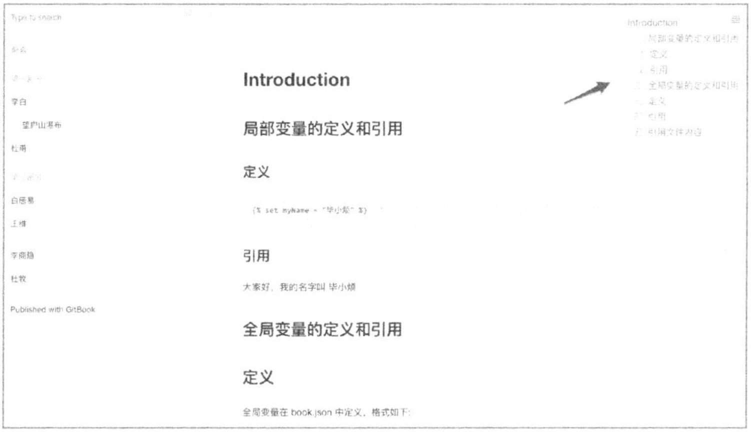
Introduction
局部变量的定义和引用
定义
引用
大家好，我的名字叫 毕小烦
全局变量的定义和引用
定义
全局变量在 book.json 中定义，格式如下:
Published with GitBook

b）自动为每个页面生成目录树

很多页面的目录插件都需要我们手动插入，如 ATOC 就需要手动在每一个页面添加<!-- toc -->，这确实比较麻烦。

使用 page-treeview 可以解决这个问题，它会为每一个页面自动生成目录树。唯一的缺点是插件作者的版权声明会很突兀地显示在目录树下面，不过不影响使用。

❶ GitHub 地址为 https://github.com/aleen42/gitbook-treeview。

❷ 配置方式如下。

```
{
   "plugins": ["page-treeview"],
    "pluginsConfig": {
        "page-treeview": {
            "copyright": "Copyright &#169; 毕小烦",
            "minHeaderCount": "2",
            "minHeaderDeep": "2"
        }
    }
}
```

❸ 效果如下图所示。

c）自动为文章生成极简的导航模式

anchor-navigation-ex 插件可以为每篇文章自动生成目录，并支持两种导航模式，即浮动导航模式和页面内顶部导航模式。

❶ GitHub 地址为 https://github.com/zq99299/gitbook-plugin-anchor-navigation-ex。

❷ 配置方式如下。

```
{
    "plugins": [
        "anchor-navigation-ex"
    ],
}
```

注意：这里使用的是插件的默认配置，如需更改请参考官方文档。

❸ 效果如下图所示。

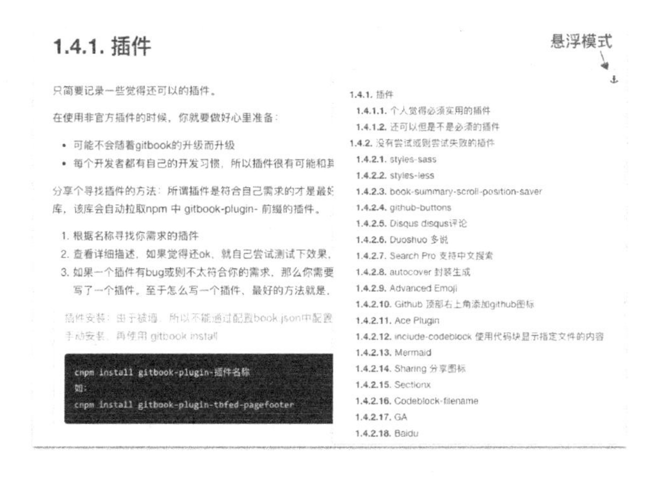

小提示：上图截取自插件作者 zq99299 的开源文档。

3. 定制每篇文章的页脚

tbfed-pagefooter 插件可以用来定制每篇文章的页脚，可以添加版权信息和显示文件修改时间。

❶ GitHub 地址为 https://github.com/zhj3618/gitbook-plugin-tbfed-pagefooter。

❷ 配置方式如下。

```
{
    "plugins": [
        "tbfed-pagefooter"
    ],
    "pluginsConfig": {
        "tbfed-pagefooter": {
```

```
        "copyright": "Copyright © bixiaofan 2017",
        "modify_label": "该文件修订于:",
        "modify_format": "YYYY-MM-DD HH:mm:ss"
      }
    }
}
```

❸ 效果如下图所示。

Copyright © bixiaofan 2017 all right reserved，powered by Gitbook　　　　该文件修订于：2017-04-12 10:30:47

4. 搜索功能

GitBook 自带的 search 插件不支持中文搜索，使用起来非常不方便，还好 search-pro 插件横空出世，让搜索功能焕发出新的生机。

❶ GitHub 地址为 https://github.com/gitbook-plugins/gitbook-plugin-search-pro。

❷ 配置方式如下。

```
{
    "plugins": [
      "-search", "search-pro"  // 别忘了禁用 search
    ]
}
```

❸ 效果如下图所示。

5. 自动生成并显示图片标题

在写书时，通常会对文章中的图片添加一个描述信息，如“图 1.1 描述信息”，这里我们称之为图片的标题。

在 GitBook 中可以使用 image-captions 插件自动生成并显示图片标题。这个插件会自动提取图片中 alt 或 title 的属性内容，作为标题显示在图片下面。

❶ GitHub 地址为 https://github.com/todvora/gitbook-plugin-image-captions。

❷ 配置方式如下。

```
"plugins": [
    "image-captions"
],
"pluginsConfig": {
    "image-captions": {
        "caption": "图 1.1 - _CAPTION_"
    }
}
```

说明：_CAPTION_会被替换为图片 title 或 alt 中的文字。

Markdown 代码如下所示。

```
![我的联系方式](../imgs/test.png)
```

❸ 效果如下图所示。

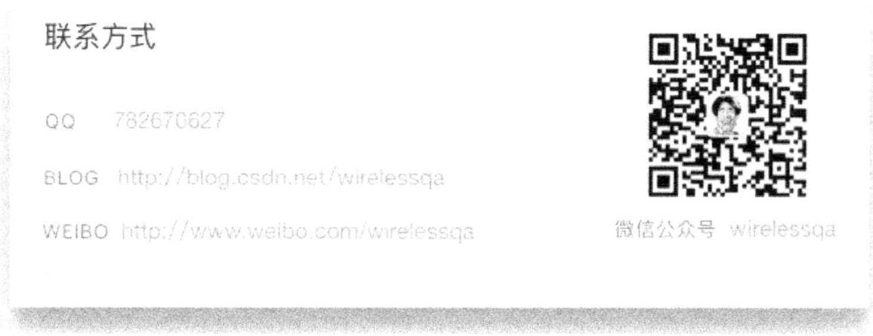

图 1.1 - 我的联系方式

❹ 标题文字中的可用变量如下所示。

1）_PAGE_LEVEL_：章节的编号。

2）_PAGE_IMAGE_NUMBER_：本章中图像的序列号。章节中的第 1 个图像取值为 1。

3）_BOOK_IMAGE_NUMBER_：整本书中图片的序列号。书中的第 1 个图像取值为 1。

例如，以章节和章节中图像的序列号作为图片的标题。

```
"image-captions": {
        "caption": "图 _PAGE_LEVEL_._PAGE_IMAGE_NUMBER_ - _CAPTION_"
    }
```

图片下面的标题默认是居中对齐的，如果想左对齐，可以像下面这样设置。

```
"image-captions": {
    "align": "left"   //右对齐设置为 right
}
```

6. 显示GitHub的Star和Fork数量

github-button 插件可以显示 GitHub 的 Star 和 Fork 的数量。

❶ GitHub 地址 https://github.com/azu/gitbook-plugin-github-buttons。

❷ 配置方式如下。

```
{
  "plugins": [
    "github-buttons"
  ],
  "pluginsConfig": {
    "github-buttons": {
      "repo": "Github 用户名/项目名",
      "types": [
        "star",
        "watch"
      ],
      "size": "large"
    }
  }
}
```

说明：size 是图标的大小，可选值为 large 或 small。large 为 150x30，small 为 100x20。

支持做如下自定义。

1）"width":number。

2）"height":number。

❸ 效果如下图所示。

Star 4,632 Watch

7. 自由调节侧边栏宽度

默认侧边栏宽度是不能够调节的，如果想通过拖拽的方式自由调节侧边栏宽度，可以使用插件 splitter。

❶ GitHub 地址为 https://github.com/yoshidax/gitbook-plugin-splitter。

❷ 配置方式如下。

```
"plugins": [
    "splitter"
]
```

8. 显示捐赠打赏

donate 插件支持定义和显示支付宝和微信打赏。

❶ GitHub 地址为 https://github.com/willin/gitbook-plugin-donate。

❷ 配置方式如下。

```
{
    "plugins": ["donate"],
    "pluginsConfig": {
        "donate": {
          "wechat": "例：/images/qr.png",
          "alipay": "http://blog.willin.wang/static/images/qr.png",
          "title": "默认空",
          "button": "默认值：Donate",
```

```
        "alipayText": "默认值：支付宝捐赠",
        "wechatText": "默认值：微信捐赠"
      }
    }
}
```

实例演示如下。

```
"donate": {
        "wechat": ".imgs/weixin.png",
        "alipay": ".imgs/alipay.png",
        "title": "",
        "button": "赏",
        "alipayText": "支付宝打赏",
        "wechatText": "微信打赏"
    },
```

8.3 构建GitBook

在本地构建书籍的命令是 gitbook build，这个命令提供了很多参数可供选择，格式为 build [book 目录][输出目录]。

对命令及参数的解读如下。

1）build [book] [output]：构建一本书。

2）--log：指定要显示的最小日志级别（默认值为 info；可选值有 debug、info、warn、error、disabled）。

3）--format：指定要构建的格式（默认值为 website；可选值有 website、json、ebook）。

4）--[no-]timing：打印定时调试信息（默认值为 false）。

构建书籍输出格式有如下 3 种。

1）website：网站（默认输出到_book 目录）。

2）ebook：电子书（PDF、ePub、mobi）。

3）json：提取书籍的元数据（概要，介绍等）。

8.3.1　生成静态网站

在项目的根目录下执行如下命令。

```
gitbook build
```

默认会把生成的静态网站放到_book 目录下，相当于执行了 gitbook build ./_book。

如果想更改地址，可以使用如下命令。

```
gitbook build [项目路径] [输出路径]
```

例如，构建当前项目并把生成的静态网站放到 mysite 目录下。

```
gitbook build . mysite
```

如果想启动服务，查看生成的某个网站，则需要在根目录下执行如下命令。

```
gitbook serve
```

使用这个命令会先执行 gitbook build 构建书籍，然后再启动服务。服务启动后，可以通过 http://localhost:4000/ 来查看效果。

网站默认的端口是 4000，如果想重新指定端口，则可以使用如下命令。

```
gitbook serve --port 5500
```

一般我们只是在本地使用 gitbook serve 进行预览和调试，如果想把网站开放给他人使用，还需要将网站部署到服务器上。

在部署时，不管是内部服务器还是外部服务器，一般都要遵循以下步骤。

1）在服务器上安装 GitBook 及 GitBook 插件。

2）生成静态网站，默认目录为_book。

3）把网站复制到指定目录下。

4）配置 Nginx。

5）启动 Nginx。

举例来说，假设你已经安装好了 Nginx，并对 Nginx 有一些了解。首先，编辑

Nginx 配置文件。

```
macOS：
$ sudo vim /usr/local/etc/nginx/nginx.conf
CentOS：
$ sudo vim /etc/nginx/nginx.conf
```

然后，添加如下代码。

```
server {
  listen 4002;                            # 监听端口
  server_name localhost;                  # 监听地址
  location / {
      root /opt/mygitbook/_book;          # GitBook 项目生成的静态网站路径
      index index.html;                   # 默认首页
      try_files $uri $uri/ =404;
  }
}
```

在重启 Nginx 之后就可以通过配置的地址和端口来访问网站了，本例中的访问地址是 localhost:4002。

如果在公司内部，想要持续集成，可以借助 Jenkins 和 Gitlab，把项目托管到 Gitlab 上；借助 Jenkins 监控项目的更新，在下载最新项目后执行 Shell 脚本来构建和替换最新的文件。

8.3.2 生成电子书

GitBook 不仅可以生成静态网站，也可以生成 3 种格式（即 ePub、mobi、PDF）的电子书，不过要依赖 ebook-convert 这个工具。

1. 安装ebook-convert

想安装 ebook-convert 则必须安装 calibre，calibre 是一个强大、易用、开源、免费的电子书管理工具。其安装步骤如下。

❶ 打开 https://calibre-ebook.com/download 下载对应的操作系统版本。

❷ 如果是 Windows 系统，按照提示一步一步安装即可。

如果是 Linux 系统，其安装命令如下。

```
sudo aptitude install calibre
```

小提示：*在一些 GNU/Linux 发行版中安装 Node.js，需要手动创建一个软链接* sudo ln -s /usr/bin/nodejs /usr/bin/node。

如果是 macOS 系统，则应首先将 calibre.app 移动到应用程序文件夹中，并创建一个指向 ebook-convert 工具的软件链接。

```
sudo ln -s ~/Applications/calibre.app/Contents/MacOS/ebook-convert
/usr/bin
```

然后，配置环境变量

```
vim ~/.bash_profile

# 添加下面两个配置
export EBOOK_PATH=/Applications/calibre.app/Contents/MacOS
export PATH=$PATH:$EBOOK_PATH
```

更新配置的命令如下。

```
source ~/.bash_profile
```

最后，测试 ebook-convert 是否能正常使用。

```
$ ebook-convert --version
ebook-convert (calibre 2.84.0)
Created by: Kovid Goyal <kovid@kovidgoyal.net>
```

2. 设置封面

一个完整的电子书是要有封面的，那么如何设置电子书的封面呢？

对封面图片的要求如下。

名称	说明	大小	格式
cover.jpg	大图	1800x2360	JPEG
cover_small.jpg	小图	200x262	JPEG

无论是大图（cover.jpg）还是小图（cover_small.jpg），都要放在本书的根目录下。

我们可以自已制作一张图片，也可以使用 autocover 插件生成一个，制作图片的注意事项如下。

1）图片没有边界。

2）图片上的书名要清晰可见。

3）即使是小图，也要能够看清所有重要的文本。

3. 生成电子书

- 生成 PDF 格式的电子书，需要在电子书的根目录下执行如下命令。

```
$ gitbook pdf ./ ./mygitbook.pdf


info: 7 plugins are installed
info: 6 explicitly listed
info: loading plugin "highlight"... OK
info: loading plugin "search"... OK
info: loading plugin "lunr"... OK
info: loading plugin "sharing"... OK
info: loading plugin "fontsettings"... OK
info: loading plugin "theme-default"... OK
info: found 6 pages
info: found 7 asset files
info: >> generation finished with success in 7.1s !
info: >> 1 file(s) generated
```

电子书用了 7.1s 成功生成！ 生成的电子书如下图所示。

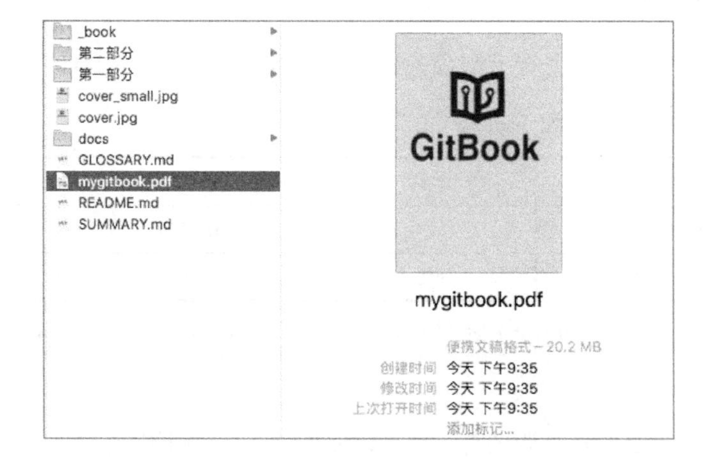

- 生成 ePub 格式的电子书，命令如下。

```
gitbook epub ./ ./mygitbook.epub
```

- 生成 mobi 格式的电子书，命令如下。

```
gitbook mobi ./ ./mygitbook.mobi
```

8.4　本章小结

本章为大家详细介绍了如何使用 GitBook 进行写作，使用 GitBook 可以搭建内部的协作文档，可以导出多种格式的电子书，也可以放到 GitHub 上开源。总之，使用 GitBook 可以自由无门槛地进行写作。

附　　录

安装Node.js

http://www.runoob.com/nodejs/nodejs-install-setup.html

安装Git

http://www.runoob.com/git/git-install-setup.html

参考资料

Markdown 官网：https://daringfireball.net/projects/markdown/

维基百科：https://zh.wikipedia.org/zh-hans/Markdown

GFM 官方文档：https://github.github.com/gfm/

markdownlint：https://github.com/DavidAnson/markdownlint

Typora：https://typora.io/

VS Code：https://code.visualstudio.com/docs

Markdown Here：https://markdown-here.com/

Hexo：https://hexo.io/zh-cn/index.html

reveal.js：https://github.com/hakimel/reveal.js/

GitBook：https://github.com/GitbookIO/gitbook

中文文案排版“指北”：https://github.com/mzlogin/chinese-copywriting-guidelines